Mehr Mathematische Rätsel für Liebhaber

Peter Winkler

Mehr Mathematische Rätsel für Liebhaber

Aus dem Amerikanischen übersetzt von

Thomas Filk

Spektrum
AKADEMISCHER VERLAG

Titel der Originalausgabe: Mathematical Mind-Benders
Aus dem Amerikanischen übersetzt von Thomas Filk
© 2007 by A K Peters, Ltd.

Wichtiger Hinweis für den Benutzer
Der Verlag, der Autor und der Übersetzer haben alle Sorgfalt walten lassen, um vollständige und akkurate Informationen in diesem Buch zu publizieren. Der Verlag übernimmt weder Garantie noch die juristische Verantwortung oder irgendeine Haftung für die Nutzung dieser Informationen, für deren Wirtschaftlichkeit oder fehlerfreie Funktion für einen bestimmten Zweck. Der Verlag übernimmt keine Gewähr dafür, dass die beschriebenen Verfahren, Programme usw. frei von Schutzrechten Dritter sind. Die Wiedergabe von Gebrauchsnamen, Handelsnamen, Warenbezeichnungen usw. in diesem Buch berechtigt auch ohne besondere Kennzeichnung nicht zu der Annahme, dass solche Namen im Sinne der Warenzeichen- und Markenschutz-Gesetzgebung als frei zu betrachten wären und daher von jedermann benutzt werden dürften. Der Verlag hat sich bemüht, sämtliche Rechteinhaber von Abbildungen zu ermitteln. Sollte dem Verlag gegenüber dennoch der Nachweis der Rechtsinhaberschaft geführt werden, wird das branchenübliche Honorar gezahlt.

Bibliografische Information der Deutschen Nationalbibliothek
Die Deutsche Nationalbibliothek verzeichnet diese Publikation in der Deutschen Nationalbibliografie; detaillierte bibliografische Daten sind im Internet über http://dnb.d-nb.de abrufbar.

Springer ist ein Unternehmen von Springer Science+Business Media
springer.de

© Spektrum Akademischer Verlag Heidelberg 2010
Spektrum Akademischer Verlag ist ein Imprint von Springer

10 11 12 13 14   5 4 3 2 1

Planung und Lektorat: Dr. Andreas Rüdinger, Bianca Alton
Satz: le-tex publishing services GmbH, Leipzig
Umschlaggestaltung: wsp design Werbeagentur GmbH, Heidelberg

ISBN 978-3-8274-2349-8

Dieses Buch hat unzählige Autoren. Sie leben in der ganzen Welt und von ihnen habe ich diese wunderbaren Knobeleien. Einige von ihnen haben mein früheres Buch gelesen, andere gehören zu meinen neuen Freunden und Kollegen in Neu England. Besonders danken möchte ich auch den Stiftern der Albert Bradley Third Century Professur in den Naturwissenschaften in Dartmouth.

Alle eigenen Beiträge widme ich meinen Eltern, Drs. Bernard und Miriam Winkler. Irgendwann hatten sie vermutlich gehofft, ihr erstgeborener Sohn würde einmal ein nützliches Mitglied der Gesellschaft, und dann mussten sie mit ansehen, wie er zu einem Mathematiker heranwuchs.

Vorwort

Die Mathematik ist kein Spaziergang entlang einer breiten Allee, sondern eine Reise in eine fremde Wildnis, in der man leicht verloren gehen kann.

W. S. Anglin

Dieses Buch richtet sich an Liebhaber der Mathematik, Liebhaber von Rätseln und Liebhaber von anspruchsvollen intellektuellen Knobeleien. In erster Linie möchte ich all jene ansprechen, für die die Welt der Mathematik wohlgeordnet, logisch und anschaulich ist, und die gleichzeitig offen dafür sind, sich eines Besseren belehren zu lassen.

Wer die Rätsel verstehen und lösen möchte, sollte einen gewissen Spaß an der Mathematik mitbringen, auch wenn das alleine oft nicht ausreichen wird. Man sollte wissen, was ein Punkt und eine Linie sind, was eine Primzahl ist, und was die Wahrscheinlichkeit dafür ist, einen Sechser-Pasch zu würfeln. Insbesondere sollte man eine Vorstellung davon haben, was ein *Beweis* ist.

Sie brauchen *keinen* professionellen mathematischen Hintergrund, und Sie benötigen auch keinen Computer, Taschenrechner oder irgendein Mathematikbuch. Allerdings sollten Sie – wie Paul Erdős es ausgedrückt hätte – Kopf und Verstand weit öffnen. In manchen Fällen dürfte es von Vorteil sein, keine Vorlesungen zur Mathematik besucht zu haben, und in anderen Fällen werden Sie die Antwort lesen und verstehen, und sie trotzdem nicht glauben wollen.

Von überall her stammen diese Rätsel und von Leuten mit den unterschiedlichsten Interessen. Seit der Veröffentlichung meines letzten Rätselbuchs[1] erhielt ich viele neue und alte Rätsel. Irgendwann musste ich überrascht feststellen, dass ich seither mehr unveröffentlichte Puzzles hinzugewonnen habe, sowohl hinsichtlich ihrer Menge als auch ihrer Qualität, als in den ganzen zwanzig Jahren zuvor.

Aufmerksame Leser meines früheren Buchs werden einige Unterschiede bemerken. Die Rätsel haben oft ein Überraschungsmoment; einige stammen aus meinem Artikel für das Siebte Gardner-Treffen: „Seven Mathematical Puzzles You Think You Must Not Have Heard Correctly" (Sieben mathematische Rätsel, bei denen Sie glauben, sich verhört zu haben). Ich habe mich auch bemüht, die Quellen der Rätsel etwas sorgfältiger zu recherchieren als früher, sodass zumindest *einige* Informationen diesbezüglich stimmen dürften. Abgesehen von meinen eigenen Rätseln kann ich jedoch kaum mehr als ein „redliches Bemühen" versprechen. Angeregt durch Kommentare meiner Leser habe ich bei der Darstellung der Lösungen auch versucht zu erläutern, wie man auf die jeweilige Lösung hätte kommen können. Leider dürfte mir das in vielen Fällen nicht geglückt sein, und manchmal weiß ich es selbst nicht.

---

[1] *Mathematische Rätsel für Liebhaber*, Spektrum Akademischer Verlag

Die Formulierungen der Rätsel und ihrer Lösungen stammen von mir, und daher bin ausschließlich ich für alle Fehler oder Mehrdeutigkeiten verantwortlich, und davon wird es einige geben, da bin ich mir sicher.

Ich wollte für dieses Buch elegante und unterhaltsame Rätsel zusammentragen. Die Lösungen selbst sind nicht schwer, aber es ist oft nicht leicht, sie zu finden; häufig vermitteln sie eine gewisse Vorstellung von einem bestimmten mathematischen Konzept, aber sie erfordern keine anspruchsvolle Mathematik. Insbesondere war es meine Absicht, Sie mit diesen Rätseln zu verblüffen, Ihre Intuition und Anschauung herauszufordern und Denkanstöße zu geben. Nicht alle Rätsel erfüllen diese Kriterien, aber es gibt unter ihnen einige Prachtexemplare. Der Spaß und die Freude an der Erkenntnis werden hoffentlich den bescheidenen Preis dieses Buches weit übertreffen. Einige Beispiele sind „Kurven auf Kartoffeloberflächen" S. 3, „Roulette für Unvorsichtige" S. 4, „Liebe in Kleptopia" S. 13, „Wasserscheue Würmer" S. 14, „Fehlerhaftes Zahlenschloss" S. 15, „Namensuche in Schachteln" S. 17, „Chamäleons" S. 32, „Gleichschwere Brötchen" S. 34, „Zwei Blinker (fast) im Takt" S. 34, „Rote und blaue Würfel" S. 35, „Alice auf dem Meterstab" S. 58, „Alice auf dem Kreis" S. 58, „Münzen auf dem Tisch" S. 73, „Paket im Paket" S. 76, „Leicht beeinflussbare Denker" S. 98, „Lemming auf einem Schachbrett" S. 99, „Hüte und Unendlichkeit" S. 136, „Ziegelturm" S. 139, „Eiscremetorte" S. 165, „Drei Schatten einer Kurve" S. 166, „Minimalfläche eines Polygons" S. 169, ...

Ein paar Anmerkungen zum Aufbau des Buches. Ich habe die Rätsel in Kapiteln zusammengefasst, die mehr oder weniger unterschiedlichen mathematischen Gebieten entsprechen. Die Lösungen stehen jeweils am Ende der jeweiligen Kapitel; Einzelheiten zum Hintergrund und zur Quelle finden Sie bei den Lösungen. Die ursprüngliche Frage wird bei den Lösungen nicht nochmals wiederholt, denn ich wollte das Rätsel und die Lösungen nicht auf dieselbe Seite schreiben. Damit hoffe ich den Leser dazu anregen zu können, zumindest *etwas* über das Rätsel nachzudenken.

Viele der Rätsel haben es in sich, und Sie können zurecht auf jede Lösung stolz sein, die Sie eigenständig finden. In manchen Fällen dürfte sogar das Verstehen der Lösung mit einigem Aufwand verbunden sein.

Viel Glück, und frohes Rätseln!

Peter Winkler

Anmerkungen zur deutschen Ausgabe

In den Text sind viele Anregungen und Verbesserungsvorschläge von argusäugigen Lesern eingeflossen, allen voran von meinem genialen Freund Svante Janson (von der Uppsala Universität in Schweden). Offenbar hat er sämtliche Aufgaben zunächst selbst gelöst, bevor er seine Lösungen mit meinen verglichen hat.

Im Vergleich zur amerikanischen Ausgabe (A K Peters Ltd., 2007) wurde für die deutsche Ausgabe ein Kapitel über Wortspielereien herausgenommen, da sich diese oft schlecht übersetzen lassen. Stattdessen wurde ein neues Kapitel angehängt, das einige besonders unterhaltsame und „unwiderstehliche" neue Rätsel enthält, über die ich seit der Veröffentlichung des Buches gestolpert bin.

Peter Winkler

Inhaltsverzeichnis

1 Zum Aufwärmen

Gehirn (n.) Ein Organ, mit dem wir denken, dass wir denken.

Ambrose Bierce (1842–1914),
„Des Teufels Wörterbuch"

Wir beginnen mit einigen (relativ) einfachen Aufgaben als Dehnübungen für Ihren Kopf. Die Mathematik ist nicht schwierig, aber etwas logisches Denken ist angesagt.

Halb erwachsen

In welchem Alter hat ein Durchschnittskind die Hälfte der Körpergröße erreicht, die es einmal als Erwachsener haben wird?

Murmelsäcke

Sie haben 15 Murmelsäcke. Wie viele Murmeln müssen Sie mindestens haben, sodass es möglich ist, dass keine zwei Säcke dieselbe Anzahl von Murmeln enthalten?

Potenzen von Zwei

Aus wie vielen Personen bestehen „zweimal zwei Paare von Zwillingen"?

Der rollende Bleistift

Ein Bleistift mit einem fünfeckigen Querschnitt hat auf einer seiner fünf Seiten das Logo des Herstellers. Mit welcher Wahrscheinlichkeit bleibt der Bleistift, wenn er über den Tisch gerollt wird, so liegen, dass das Logo nach oben zeigt?

Das Portrait

Ein Besucher zeigt auf ein Portrait an der Wand und fragt, um wen es sich handelt. „Brüder oder Schwestern habe ich keine", sagt der Gastgeber, „doch der Vater dieses Mannes ist meines Vaters Sohn." Wer ist abgebildet?

Seltsame Folge

Welches Symbol sollte in der unten dargestellten Folge als Nächstes kommen?

Ein Sprachparameter

Für Spanisch, Russisch oder Hebräisch ist der Parameter 1; für Deutsch 7; für Französisch 14. Wie lautet der Wert für Englisch?

Paraskavedekatriaphoben aufgepasst!

Fällt der 13. eines Monats häufiger auf einen Freitag als auf einen anderen Wochentag, oder *scheint* es nur so?

Nun wird es *etwas* ernster.

Fairplay

Wie können Sie mit einer verbogenen Münze trotzdem noch eine gerechte Entscheidung (50% Wahrscheinlichkeit für jedes Ereignis) herbeiführen?

Kurven auf Kartoffeloberflächen

Beweisen Sie, dass Sie bei zwei verschiedenen (beliebig geformten) Kartoffeln jeweils auf die Oberfläche eine geschlossene Kurve zeichnen können, sodass die beiden Kurven als Kurven im dreidimensionalen Raum identisch sind.

Sie können Ihre Aufwärmübungen mit drei Problemen aus dem Bereich der Wahrscheinlichkeit abschließen; dafür ist eine *winzige* Rechnung notwendig.

Sieger in Wimbledon

Aufgrund magischer Kräfte sind Sie ins Einzel-Endspiel in Wimbledon gelangt und spielen nun gegen Serena Williams oder Roger Federer um Alles oder Nichts. Allerdings können Sie Ihre magischen Kräfte nicht bis zum Ende des Spiels behalten. Wenn es schon sein muss – bei welchem Spielstand sollte die Magie verschwinden, sodass Ihre Chancen auf einen glücklichen Gesamtsieg möglichst groß sind?

4 1 Zum Aufwärmen

Spaghettiringe

Die 100 Enden von 50 gekochten Spaghettistangen werden zufällig paarweise miteinander verknotet. Wie viele geschlossene Spaghettiringe würden Sie im Mittel dabei erwarten?

Roulette für Unvorsichtige

Elwyn besucht eine Mathematikertagung in Las Vergas, und da er noch 105 Dollar in der Tasche hat und bis zum nächsten Vortrag noch etwas Zeit ist, schlendert er zu einem der Roulettetische. Dort bemerkt er, dass das Rouletterad 38 Felder enthält (0, 00 sowie die Zahlen 1 bis 36). Wenn er 1 Dollar auf eine einzelne Zahl setzt, gewinnt er mit einer Wahrscheinlichkeit von 1/38 und er erhält 36 Dollar von der Bank (die seinen Einsatz von 1 Dollar behält). Andernfalls verliert er natürlich seinen Einsatz.

Die Zeit reicht Elwyn gerade, um 105 solcher 1-Dollar-Wetten abzuschließen. Wie groß ist (ungefähr) die Wahrscheinlichkeit, dass Elwyn die Bank insgesamt mit einem Gewinn verlässt? Ist sie größer als beispielsweise 10%?

Lösungen und Kommentare

Halb erwachsen

Eltern von kleinen Kindern wissen es: zwei Jahre (zwischen dem zweiten und dritten Geburtstag)! Der menschliche Körper wächst außerordentlich nicht-linear. Das Rätsel stammt von Jeff Steif von der Chalmers Universität in Schweden.

Murmelsäcke

14 Murmeln machen es möglich. Stecken Sie einen leeren Sack in einen zweiten, der eine Murmel enthält, anschließend stecken Sie diesen zweiten Sack in einen dritten mit einer weiteren Murmel, dann den dritten Sack in einen vierten mit einer weiteren Murmel und so weiter. Der i-te Sack enthält also insgesamt $i - 1$ Murmeln (sowie $i - 1$ Murmelsäcke).

Wenn Sie keinen Sack in andere Säcke stecken wollen – oder diese Lösung als Betrug ansehen – benötigen Sie $0 + 1 + \cdots + 14 = 15 \times 7 = 105$ Murmeln.

Dieses Rätsel erhielt ich von Dick Plotz aus Providence, Rhode Island.

Potenzen von Zwei

Acht. Es hat zunächst den Anschein, als ob insgesamt viermal verdoppelt wird: „zweimal", „zwei", „Paare" und „Zwillingen", was oft zu der Antwort $2^4 = 16$ führt. Doch ein Zwilling ist nur eine Person. Das Rätsel ist ein Klassiker.

Der rollende Bleistift

Mein Kollege Laurie Snell hat mich damit reingelegt. Wie erging es Ihnen? Man hat zunächst den Eindruck, die richtige Antwort sei $\frac{1}{5}$, doch da 5 ungerade ist und der Bleistift auf einer seiner Seiten liegen bleibt, zeigt keine Seite nach oben sondern eine *Kante*. Damit lautet die Antwort null. Bestenfalls könnte man noch $\frac{2}{5}$ durchgehen lassen, je nach Ihrer Vorstellung von „oben", aber auf keinen Fall $\frac{1}{5}$.

Dieses Rätsel findet sich in dem provokanten Buch *Sense and Nonsense of Statistical Interference* von Chamont Wang [55].

Das Portrait

Hierbei handelt es sich um einen Klassiker aus wirklich *antiken* Zeiten, der sich unter anderem in dem Buch *Wie heißt dieses Buch* von Raymond Smullyan findet [52]. Da der Gastgeber keine Geschwister hat, kann „meines Vaters Sohn" sich nur auf ihn selbst beziehen, und damit stellt das Portrait den Sohn des Gastgebers dar.

Seltsame Folge

Dieses Problem erhielt ich von Keith Cohon, einem Rechtsanwalt der Environmental Protection Agency. Die Symbolfolge soll den Anfang des von hinten nach vorne gelesenen Alphabets darstellen, d. h., ZYXW, wobei allerdings das Z um 90° gedreht wurde (entweder im oder entgegen dem Uhrzeigersinn) und jeder weitere Buchstabe um weitere 90°. Das nächste Symbol wäre somit < oder >, also ein liegendes V.

Ein Sprachparameter

Sieben. Dieses seltsam anmutende Rätsel stammt von Teena Carroll, einer Studentin an der Georgia Tech, und es hat nur indirekt etwas mit Mathematik zu tun. Der betreffende Parameter bezieht sich auf die erste positive ganze Zahl, die in der jeweiligen Sprache einem mehrsilbigen Wort entspricht.

Paraskavedekatriaphoben aufgepasst!

Erstaunlicherweise ist es wahr, und nach meiner Kenntnis ist es zum ersten Mal Bancroft Brown (ebenso wie ich ein Mathematikprofessor in Dartmouth) aufgefallen, der seine Berechnungen im *American Mathematical Monthly* Bd. 40 (1933), S. 607, veröffentlichte. Meine Kollegin Dana Williams machte mich darauf aufmerksam.

Man kann sich rasch selbst davon überzeugen, dass von den 4800 Monaten des 400-jährigen Zyklus unseres Gregorianischen Kalenders der jeweils 13. Tag in 688 Fällen auf einen Freitag fiel. Auf die Wochentage Sonntag und Mittwoch fiel dieser Tag in 687 Fällen, auf Montag und Dienstag in 685 Fällen und auf Donnerstag und Samstag in nur 684 Fällen. Zur Überprüfung muss man berücksichtigen, dass die Schaltjahre in den Jahren, die Vielfache von 100 sind, ausfallen, allerdings mit Ausnahme der Jahre, die (wie 2000) durch 400 teilbar sind.

Der Aberglaube in Bezug auf Freitag, dem 13., wird üblicherweise dem Datum zugeschrieben, an dem König Philip IV. von Frankreich (Philip der Schöne) den Befehl zur Zerschlagung des Templerordens gegeben hat.

Übrigens können geübte Personen (wie z. B. der legendäre John H. Conway aus Princeton) den Wochentag eines beliebigen Datums in der Vergangenheit ziemlich rasch bestimmen, selbst unter Berücksichtigung vergangener Kalenderwechsel. Für gewöhnliche Sterbliche gibt es eine nützliche Regel: In jedem Jahr fallen der 4.4., 6.6., 8.8., 10.10., 12.12., 5.9., 9.5., 11.7., 7.11. und der letzte Tag im Februar immer auf denselben Wochentag. Für das Jahr 2009 handelt es sich dabei um den Samstag, und jedes Jahr verschiebt sich dieser Tag um einen Wochentag nach vorne (sodass im Jahr 2010 dieser Tag auf einen Sonntag fällt), in Schaltjahren um zwei Wochentage.

Fairplay

Werfen Sie die verbogene Münze *zweimal*, und hoffen Sie auf verschiedene Ergebnisse. Kam bei den beiden Würfen Kopf zuerst, definieren Sie diesen Doppelwurf als KOPF, kam Zahl zuerst als ZAHL. Wenn Sie zweimal Kopf oder zweimal Zahl erhalten haben, wiederholen Sie das Experiment.

Tamas Lengyel vom Occidental College in Los Angeles hat mich an dieses Rätsel erinnert. Seine Lösung geht auf den großen Mathematiker und Pionier der Computerwissenschaften Johann von Neumann zurück, und manchmal spricht man auch von „von Neumanns Trick". Selbst für eine gebogene Münze sollten aufeinanderfolgende Würfe statistisch unabhängig sein. Natürlich wird vorausgesetzt, dass die verbogene Münze zumindest im Prinzip auf jede der beiden Seiten fallen kann.

Wenn Sie die Anzahl der Würfe bis zu einer Entscheidung verringern wollen, können Sie die Regeln erweitern. Wenn Sie beispielsweise bei den ersten beiden Würfen KK und bei den nächsten beiden Würfen ZZ erhalten haben, dann können Sie das Ergebnis als KOPF einstufen (und umgekehrt ZZ gefolgt von KK als ZAHL).

Es gibt noch weitere Verbesserungsmöglichkeiten. In einem Artikel von Şerban Nacu und Yuval Peres [42] wird gezeigt, wie man aus diesem Verfahren wirklich den letzten Tropfen herausquetschen und die zu erwartende Anzahl von Würfen bis zu einer Entscheidung minimieren kann, unabhängig von den konkreten Wahrscheinlichkeiten, mit der die Münze auf Kopf oder Zahl liegen bleibt.

Nebenbei gesagt, spielt dieses allgemeine Problem – aus verschiedenen, eher unzuverlässigen Quellen echte Zufallszahlen zu erhalten – eine wichtige Rolle in der Informatik. In den letzten Jahren wurden viele Arbeiten dazu veröffentlicht und teilweise wichtige Fortschritte erzielt.

Kurven auf Kartoffeloberflächen

Stellen Sie sich vor, die beiden Kartoffeln könnten sich durchdringen. Stecken sie (in Gedanken) eine der Kartoffeln in die andere. Die Schnittkurve der beiden Oberflächen entspricht auf beiden Kartoffeln einer Kurve, die den Anforderungen genügt.

Dieses nette Problem findet man (unter anderem) in dem Buch *The Mathemagician and Pied Puzzler* [5].

Sieger in Wimbledon

Zunächst denkt man vermutlich an folgende Lösung: Sie sollten zwei Sätze zu null in Führung liegen (mit drei Gewinnsätzen aus insgesamt fünf hat man das Männereinzel gewonnen), im dritten Satz 5-0 Spiele vorn sein und im sechsten Spiel 40:0 führen. (Vielleicht wollen Sie auch noch den Aufschlag, doch wenn Ihr Aufschlag so gut ist wie meiner, lassen Sie lieber Ihren Gegner das sechste Spiel aufschlagen und hoffen beim Stand von 0:40 auf einen Doppelfehler.)

Nicht so voreilig! Bei diesen Lösungen haben Sie im Wesentlichen drei Chancen, durch viel Glück doch noch zu gewinnen. Sie können aber sogar sechs Chancen haben, mit drei Aufschlägen von Ihnen und drei von Roger Federer. Dazu sollten Sie immer noch zwei Sätze zu null in Führung liegen, aber nun steht es im dritten Satz 6-6 nach Spielen, und im Tie-Break 6 zu 0 (zu Ihren Gunsten natürlich).

Der folgende Vorschlag stammt von Amit Chakrabarti aus Dartmouth. Er beruht darauf, dass üblicherweise für den Punktestand eines Tennismatches nicht nur die gewonnenen Sätze und Spiele angegeben werden, sondern bei einem Spielstand von 6-6 auch die Punkte des Tie-Breaks. In diesem Fall sollten Sie beispielsweise folgenden Punktestand erbitten: erster Satz 6-0, zweiter Satz 6-6 (und 9999-9997 im Tie-Break), dritter Satz 6-6 (und 6-0 im Tie-Break). Die (zugegebenermaßen zweifelhafte) Idee dabei ist, dass Ihr Gegner nach dem zweiten Satz, als Sie noch unter dem Zauber standen, von dem Tie-Break derart frustriert und erschöpft ist, dass er unter den sechs folgenden Matchbällen mit großer Wahrscheinlichkeit einen zu Ihren Gunsten verhaut.

Spaghettiringe

Von diesem Rätsel erfuhr ich von meiner Kollegin Dana Williams in Dartmouth. Es ist schon älter und im Wesentlichen äquivalent zu der Aufgabe „Blades of Grass Game" auf Seite 198 von *Martin Gardner's Sixth Book of Mathematical Diversions* [21]. Sie müssen bei jedem Schritt die Wahrscheinlichkeit bestimmen, einen Loop (einen geschlossenen Ring) zu erhalten. Anschließend nutzen Sie die „Linearität des Erwartungswerts" und bestimmen die zu erwartende Anzahl von Loops aus der Summe der zuvor berechneten Wahrscheinlichkeiten.

Wenn Sie zum i-ten Mal zwei Enden verknoten (das passiert insgesamt 50 Mal) nehmen Sie zunächst ein Ende auf, und dann gibt es aus den verbliebenen $101 - 2i$ Enden genau eine Möglichkeit (nämlich das andere Ende dieser Kette), einen Ring zu schließen. Damit ist die Wahrscheinlichkeit beim i-ten Knoten einen Loop zu erhalten gleich $1/(101 - 2i)$, und somit ist die Gesamtzahl der Loops im Mittel gleich $1/99 + 1/97 + 1/95 + \cdots + 1/3 + 1/1 = 2,93777485\ldots$, also etwas weniger als drei Loops! Für eine sehr große Anzahl n von Spaghettistangen ist die mittlere Anzahl von Loops ungefähr gleich der Hälfte des n-ten Terms der harmonischen Reihe, also ungefähr die Hälfte des natürlichen Logarithmus von n.

Roulette für Unvorsichtige

Dieses Problem hörte ich von Elwyn Berlekamp während des siebten Gardner-Treffens (Gathering for Gardner). Später erschien es in der amüsanten Rätselspalte „Puzzles Column" von ihm und Joe Buhler in der Zeitschrift *Emissary* [3], Frühling/Herbst 2006.

Bei diesem Roulettespiel sind die Gewinnchancen sehr zugunsten der Bank verteilt (mehr noch als bei der europäischen Variante, die kein 00 kennt). Wie jeder weiß, hat man fast immer irgendwann mehr verloren als gewonnen, wenn man sich häufig genug auf eine nachteilige Wette einlässt. Im vorliegenden Fall führt jeder Einsatz zu einem mittleren Verlust von $1 - (1/38) \times \$36 = \$1/19$, also ungefähr einem Nickel (5 Cent).

Doch 105 Spiele sind noch nicht oft genug! Elwyn muss nur drei (oder mehr) Male gewinnen, um schließlich mit einem Plus die Bank zu verlassen. In diesem Fall hätte sein Einsatz von $105 eine Auszahlung von (mindestens) $108 erbracht. Die Wahrscheinlichkeit *überhaupt nicht* zu gewinnen beträgt $(37/38)^{105} \sim 0,0608$; die Wahrscheinlichkeit genau einmal zu gewinnen ist $105 \times (1/38) \times (37/38)^{104} \sim 0,1725$, und zweimal zu gewinnen $(105 \times 104/2) \times (1/38)^2 \times (37/38)^{103} \sim 0,2425$. Somit ist die Wahrscheinlichkeit, insgesamt einen Gewinn einzufahren, gleich eins minus die Summe dieser drei Werte, also 0,5242 oder etwas mehr als 1/2.

Das bedeutet natürlich nicht, dass Elwyn schließlich Las Vegas sprengen kann. Wenn er nämlich seine drei Gewinne *nicht* hat, verliert er mindestens $33, also wesentlich mehr als die $3, die er bei genau drei Gewinnen mit nach Hause nehmen kann (was unter der Voraussetzung, dass er letztendlich die Bank mit einem Plus verlässt, in 43% der Fälle passieren wird). *Im Durchschnitt* verliert Elwyn somit $105 \times 1/19 \sim \$5,53$.

Wir betrachten für diese Situation noch ein extremeres Beispiel. Angenommen, Elwyn hat $255, aber er benötigt $256 als Konferenzgebühr für die Mathematikertagung. Die bestmögliche Strategie besteht darin, zunächst $1, dann $2, dann $4, $8, $16, $32, $64 und schließlich $128 auf ROT (oder SCHWARZ) zu setzen. Sobald er auch nur einmal gewinnt, sammelt er das Doppelte seines Einsatzes ein und hört auf. Er hat nun genau die benötigten $256. Nur wenn er alle 8 Male verliert, kann er seine Konferenzgebühren nicht bezahlen (und hat all sein Geld verloren). Das passiert mit einer Wahrscheinlichkeit von nur $(20/38)^8 < 0{,}006$.

Sie können es selbst ausprobieren. Wenn Sie es sich leisten können, im schlimmsten Fall \$255 zu verlieren, können Sie in ein Spielcasino gehen und mit einer Wahrscheinlichkeit von mehr als 99% mit einem Gewinn nach Hause gehen. Anschließend brauchen Sie für den Rest Ihres Lebens nie mehr zu spielen. Sehr empfehlenswert!

2 An die Grenzen der Vorstellungskraft

*Sie können Ihren Augen nicht trauen, wenn Ihre
Vorstellungen unscharf sind.*

Mark Twain (1835–1910),
„Ein Yankee aus Connecticut an König Artus' Hof"

Diese Rätsel fordern Sie auf, eine *Strategie* zu entwickeln. In
einigen Fällen ist auch ein gutes Maß an Kreativität gefragt.

Liebe in Kleptopia

Jan und Maria haben sich verliebt (über's Internet), und Jan
möchte nun seiner neuen Freundin einen Ring schicken. Un-
glücklicherweise leben beide im Land Kleptopia, in dem alles, was mit der Post verschickt wird, gestohlen wird, es sei
denn, man verschickt es in einer Schachtel, die mit einem
Vorhängeschloss gesichert ist. Sowohl Jan als auch Maria haben viele Schlösser dieser Art, allerdings besitzt keiner den
Schlüssel zu einem der Schlösser des anderen. Wie kann Jan
den Ring sicher an Maria schicken?

Wasserscheue Würmer

Lori hat Probleme mit Würmern, die in ihr Bett kriechen. Als Gegenmaßnahme stellt sie die Beine ihres Betts in mit Wasser gefüllte Schalen. Da die Würmer nicht schwimmen können, ist für sie das Bett vom Boden aus nicht mehr erreichbar. Doch nun kriechen sie an den Wänden hoch und an der Decke entlang und lassen sich von oben aufs Bett fallen. Igitt! Wie kann Lori die Würmer aus Ihrem Bett fernhalten?

Anmerkung: Vielleicht hilft ein Baldachin? Um die Würmer davon abzuhalten, sich von der Decke auf den Baldachin fallen zu lassen, um den Rand herum an die Unterseite zu kriechen und sich dann aufs Bett fallen zulassen, könnte man eine Art Regenrinne um den Baldachin herumbauen. Doch dann können sich die Würmer auf die Kante der Rinne fallen lassen. Hmmm ...

Härtetest für Straußeneier

Als Teil einer Werbekampagne möchte die Straußenfarm Flightless ihre Straußeneier auf Bruchfestigkeit testen. Üblicherweise wird in dieser Branche die Härte der Eier durch das Stockwerk des Empire State Buildings angegeben, von dem aus man das Ei fallen lassen kann, ohne dass es zerbricht.

Oskar ist bei Flightless der offizielle Tester, und er hat sich Folgendes überlegt: Wenn er nur ein Ei mit auf seine Reise nach New York nimmt, muss er dieses Ei möglicherweise von *jedem* der 101 Stockwerke des Gebäudes fallen lassen, angefangen mit dem untersten.

Wie viele Versuche benötigt er im ungünstigsten Fall, wenn er *zwei* Eier mitnimmt?

Das unsicher aufgehängte Bild

Sie möchten ein Bild an einer Schnur aufhängen, die an zwei Punkten des Rahmens befestigt ist. Wenn Sie die Schnur wie üblich über zwei Nägel legen, wie in Abb. 2.1, und einer der Nägel löst sich, dann hängt das Bild immer noch (wenn auch vermutlich schief) an dem anderen Nagel.

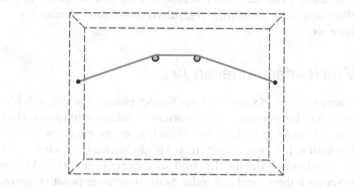

Abb. 2.1 Dieses Bild wird durch jeden der beiden Nägel gehalten.

Können Sie das Bild so an zwei Nägeln aufhängen, dass es herunterfällt, sobald sich einer der beiden Nägel (gleichgültig welcher) löst?

Fehlerhaftes Zahlenschloss

Ein Zahlenschloss mit drei Scheiben, jeweils mit den Ziffern von 1 bis 8, ist defekt: Nur zwei der Ziffern müssen richtig sein, damit sich das Schloss öffnen lässt.

Wie viele (dreizählige) Kombinationen müssen Sie höchstens durchprobieren, bis Sie das Schloss mit Sicherheit öffnen können?

Anmerkung: Es gibt viele Möglichkeiten, das Problem mit 64 Versuchen zu lösen. So können Sie alle möglichen Stellungen für die ersten beiden Räder durchprobieren, oder Sie können alle Kombinationen testen, bei denen die Summe der drei Zahlen ein Vielfaches von 8 ist. Doch mit jeder Kombination überprüfen Sie 22 mögliche Fälle, und insgesamt gibt es nur $8^3 = 512$ verschiedene Kombinationen. Theoretisch wären somit $\lceil 512/22 \rceil = 24$ Versuche eine untere Grenze. Die Wahrheit liegt allerdings irgendwo zwischen 24 und 64 ... aber wo?

Würfel der anderen Art

Können Sie zwei verschiedene Würfel entwerfen, die sich hinsichtlich der Summe der geworfenen Zahlen genauso verhalten, wie zwei gewöhnliche Würfel, d. h., es muss zwei Möglichkeiten für eine 3 geben, 6 Möglichkeiten für eine 7, eine Möglichkeit für die 12, und so weiter? Jeder Würfel muss 6 Seiten haben, und auf jeder Seite steht eine positive ganze Zahl.

Münzwurfraten

Sonny und Cher spielen folgendes Spiel: In jeder Runde wird eine (ideale) Münze geworfen. Unmittelbar vor dem Münzwurf geben Sonny und Cher *gleichzeitig* ihre Vermutung für das Ergebnis bekannt, d. h., sie hören zwar, was der jeweils andere sagt, aber sie können diese Information für diese Runde nicht mehr nutzen. Wenn beide richtig geraten haben, gewinnen sie die Runde. Das Ziel besteht darin, den Anteil der gewonnenen Runden bei sehr vielen Durchgängen möglichst groß werden zu lassen.

Offensichtlich können Sonny und Cher bei dieser Version des Spiels durchschnittlich nur die Hälfte der Runden gewin-

nen (z. B. indem sie vorher vereinbaren, beide immer „Kopf"
zu sagen). Mehr ist nicht möglich. Doch nun werden die Regeln leicht abgeändert. Beide Spieler werden darüber unter-
richtet, dass Cher unmittelbar vor dem ersten Wurf sämtliche Ergebnisse der Münzwürfe mitgeteilt werden! Die beiden
können nun eine Spielstrategie vereinbaren, doch nachdem
Cher die Informationen über die Ergebnisse erhalten hat, bestehen keine weiteren Absprachemöglichkeiten mehr. Gibt es
eine Strategie, bei der sie im Mittel mehr als 70% der Runden
gewinnen?

Namensuche in Schachteln

Die Namen von 100 Gefangenen werden auf Zettel geschrieben und auf 100 Holzschachteln verteilt, jeweils ein Name in
eine Schachtel. Die Schachteln werden in einer langen Reihe in einem Raum aufgestellt. Ein Gefangener nach dem anderen wird nun in den Raum geführt, wo er in höchstens
50 Schachteln hineinschauen darf. Anschließend muss er den
Raum genau so verlassen, wie er ihn vorgefunden hat, und er
darf keinerlei Information mit den anderen Gefangenen austauschen.

Die Gefangenen dürfen vorab eine Strategie entwickeln,
die sie auch benötigen werden, denn wenn nicht *jeder einzelne Gefangene seinen Namen findet* werden alle Gefangenen hingerichtet. Teil der Strategie kann sein, die Schachteln
zu markieren, bevor die Wärter die Namenszettel nach ihrem
Gutdünken auf die Schachteln verteilen.

Überlegen Sie sich eine Strategie, bei der die Erfolgsaussichten besser als 30% sind.

Anmerkung: Wenn jeder Gefangene für sich 50 Schachteln
zufällig auswählt und hineinschaut, ist die Wahrscheinlichkeit, nicht hingerichtet zu werden, außerordentlich klein: nur

$1/2^{100}$ ~ 0,00000000000000000000000000000008. Es gibt
noch schlechtere Strategien: Wenn alle Gefangenen immer
nur in *dieselben* 50 Schachteln schauen, sind ihre Chancen
gleich null. Vor diesem Hintergrund erscheinen dreißig Prozent nahezu unmöglich – doch Sie haben richtig gelesen!

Lösungen und Kommentare

Liebe in Kleptopia

Simon Singh beschreibt dieses Rätsel in seinem Buch *Geheime Botschaften* [50]. Darauf aufmerksam gemacht hat mich
Caroline Calderbank, die Tochter der Mathematiker Ingrid
Daubechies und Rob Calderbank. Sie favorisiert folgende Lösung: Jan schickt Maria den Ring in einer Schachtel, verschlos-
sen mit einem seiner Schlösser. Nachdem Maria die Sendung
erhalten hat, steckt sie zusätzlich eines ihrer Vorhängeschlös-
ser an die Schachtel und schickt das Paket mit beiden Schlös-
sern zurück an Jan. Jan entfernt sein Schloss und schickt die
Schachtel zurück an Maria, die nun ihr Schloss (und damit
die Schachtel) mit ihrem Schlüssel öffnen kann. So einfach
geht's! Hierbei handelt es sich nicht nur um reine Spielerei,
sondern auf dieser Idee beruht der Diffie-Hellman-Schlüssel-
austausch, einer der großen Fortschritte in der Kryptogra-
phie.

Je nachdem, welche zusätzlichen Annahmen man zulässt,
gibt es weitere Lösungen. Eine besonders elegante wurde mir
von mehreren Teilnehmern des Siebten Gardner-Treffens vorgeschlagen, unter anderem auch von dem Origami-Künstler
Robert Lang: Jan muss dazu ein Schloss finden, bei dem die
Räute (der Griff) des zugehörigen Schlüssels ein großes Loch
hat (bzw., in das sich ein ausreichend großes Loch bohren

lässt), sodass der Schlüssel auf den Bügel eines zweiten Schlosses gesteckt werden kann.

Jan steckt diesen Schlüssel auf den Bügel des zweiten Schlosses und verschließt damit eine kleine leere Schachtel, die er an Maria schickt. Nach einer Weile (vielleicht, nachdem er von Maria per Email eine Bestätigung vom Erhalt der Schachtel bekommen hat) verschickt er den Ring in einer zweiten Schachtel, die er mit dem Schloss zu dem schon verschickten Schlüssel gesichert hat. Sobald Maria die Schachtel mit dem Ring erhalten hat, nimmt sie den Schlüssel, der noch an der ersten Schachtel hängt, und öffnet damit ihr Geschenk.

Wasserscheue Würmer

Hierbei handelt es sich vielleicht eher um eine Aufgabe für einen Ingenieur als für einen Mathematiker. Ich erhielt sie von Balint Virag vom MIT.

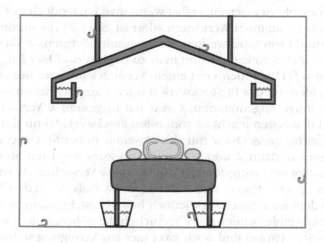

Abb. 2.2 Querschnitt von Loris wurmsicheren Bett.

Lori kann sich tatsächlich eine Art Baldachin über ihr Bett bauen, der jedoch überall weit über das Bett hinausragen sollte. Außerdem muss dieser Baldachin an den Rändern nach innen gebogen sein, sodass *unterhalb des Baldachins* eine ringförmige Regenrinne entsteht, die Lori dann mit Wasser füllen kann. (Abbildung 2.2 zeigt die Konstruktion im Querschnitt.)

Wenn den Würmern kein hochgelegener Weg in Loris Schlafzimmer zur Verfügung steht (wie beispielsweise ein Luftschacht in der Decke), kann Lori auch die Wände Ihres Raums ringsum mit einer wassergefüllten Rinne ausstatten.

Härtetest für Straußeneier

Eine Variante dieses interessanten Problems findet sich in dem unterhaltsamen Buch *Which Way Did the Bicycle Go?* von Joseph D. E. Konhauser, Dan Velleman und Stan Wagon [40].

Manchmal hilft es, eine konkrete Zahl (hier 102) durch eine Variable zu ersetzen, selbst wenn man letztendlich nur an einem bestimmten Wert interessiert ist. Sei $f(k)$ die maximale Anzahl von Stockwerken, die man mit höchstens k Versuchen abdecken kann, wenn man zu Beginn zwei Eier hat. Es ist also $f(1) = 1$, denn mit einem Versuch kann man nur entscheiden, ob das Ei Stockwerk 0 oder 1 zugeschrieben werden muss. Angenommen, Oskar hat insgesamt k Versuche, und den ersten macht er vom n-ten Stockwerk. Wenn das Ei zerbricht, muss Oskar mit dem zweiten Ei bei Stockwerk 1 beginnen, dann 2 und so weiter, bis zum $n - 1$-ten Stockwerk. Im ungünstigsten Fall kann er mit k Versuchen also nur k Stockwerke testen, und somit ist $n = k$. Falls das Ei den Fall aus dem k-ten Stockwerk jedoch heil übersteht, kann er mit seinen verbleibenden $k - 1$ Versuchen die höheren Stockwerke testen (wobei ihm noch zwei Eier zur Verfügung stehen). Somit ist die maximale Anzahl von Stockwerken, die Oskar mit k Versuchen testen kann, gleich $f(k-1)+k$. Auf diese Weise erhalten wir für die Funktion f eine Rekursionsformel: $f(k) = f(k-1)+k$.

Aus dieser Rekursionsformel finden wir sofort: $f(2) = 3$, $f(3) = 6$, $f(4) = 10$, und so weiter. Allgemein ist $f(k)$ die Summe der Zahlen von 1 bis k. Insgesamt gibt es k solcher Zahlen und ihr Durchschnitt ist $(k+1)/2$, daher ist ihre Summe gleich $k(k+1)/2$ (diese Zahl bezeichnet man manchmal auch als „k-te Dreieckszahl"). Die Funktion $f(k)$ erreicht zum ersten Mal für $k = 14$ den Wert 102, denn $f(14) = 14 \cdot 15/2 = 105$. Oskar benötigt also im schlimmsten Fall 14 Versuche. Wenn man die Rekursionsformel rückwärts abarbeitet, sieht man auch, was Oskar tun muss. Der Spielraum von drei Stockwerken, den Oskar insgesamt hat, erlaubt es ihm, für seinen ersten Versuch (mit seinem ersten Ei) das elfte, zwölfte, dreizehnte oder vierzehnte Stockwerk zu wählen. Jede andere Wahl würde entweder einen zusätzlichen Versuch kosten oder ihn am Ende ohne ein wirkliches Testergebnis lassen, weil beide Eier zerbrochen sind.

Möchte man eine entsprechende Überlegung für drei Eier anstellen, kann man zunächst $g(k)$ als die maximale Anzahl von Stockwerken definieren, die man mit k Versuchen abdecken kann, wobei dem Tester anfänglich drei Eier zur Verfügung stehen. Nach dem ersten Versuch kann Oskar nun $g(k-1)$ weitere Stockwerke testen, sofern das Ei diesen Versuch überlebt hat; andernfalls kann er $f(k-1)$ Stockwerke *unterhalb* dieses Stockwerks abdecken, wobei ihm nun nur noch zwei Eier zur Verfügung stehen (daher handelt es sich um dieselbe Funktion f wie vorher). Die neue Rekursionsformel lautet somit $g(k) = g(k-1)+1+(k-1)k/2$. Damit finden wir $g(2) = 3$ (bei zwei Versuchen haben drei Eier keinen Vorteil), aber $g(3) = 7$. Ganz allgemein folgt $g(k) = k(k^2+5)/6$, und das niedrigste k mit $g(k) \geq 102$ ist 9. Wenn Oskar also drei Eier zur Verfügung stehen, benötigt er für den Härtetest vom Empire State Building nur neun Versuche.

Ganz allgemein kann man mit m Eiern und k Versuchen (für sehr große Werte von k) ungefähr $k^m/m!$ Stockwerke abdecken (bis auf Terme niedrigerer Ordnung). Mit m Eiern und einem Super-Wolkenkratzer von n Stockwerken, wobei n sehr viel größer ist als m, benötigt man also im ungünstigsten Fall ungefähr $(m!n)^{1/m}$ Versuche.

Das unsicher aufgehängte Bild

Dieses nette Rätsel erhielt ich von Giulio Genovese, einem Mathematikstudenten in Dartmouth. Offenbar ist es ihm bei mehreren Gelegenheiten zu Ohren gekommen.

Abbildung 2.3 zeigt eine von mehreren Möglichkeiten, wie man das Bild unter den genannten Bedingungen aufhängen kann. Bei dieser Lösung muss man die Schnur zunächst über den ersten Nagel legen, dann um den zweiten schlingen, sie anschließend wieder über den ersten Nagel legen, und zum Schluss noch einmal von unten um den zweiten Nagel wickeln.

Es gibt auch einige nicht-topologische Lösungen: Sie können beispielsweise eine Schlaufe der Schnur fest zwischen

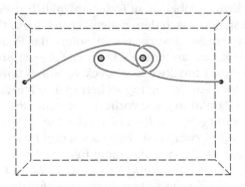

Abb. 2.3 Dieses Bild fällt herab, sobald ein Nagel fehlt.

zwei Nägel klemmen, deren Abstand kaum größer als der Durchmesser der Schnur sein darf. Doch weshalb sollte man sich auf die Reibung verlassen, wenn die Mathematik wesentlich bessere Lösungen anbietet?

Fehlerhaftes Zahlenschloss

Diese nette kombinatorische Aufgabe wurde von Ostdeutschland für die Internationale Mathematik-Olympiade im Jahre 1988 vorgeschlagen. Ich erhielt sie von Amit Chakrabarti aus Dartmouth.

Probleme dieser Art lassen sich oft geometrisch umdeuten und so leichter lösen. Der Raum aller möglichen Kombinationen entspricht einem $8 \times 8 \times 8$ Würfel. Mit einer bestimmten Zahlenfolge (einem Punkt in diesem Würfel) testet man alle Kombinationen entlang der drei orthogonalen Linien, die sich in diesem Punkt treffen.

In der geometrischen Darstellung wird deutlich, dass man alle Punkte in dem Würfel dadurch abdecken kann, dass man die Testkombinationen auf nur zwei der insgesamt acht $4 \times 4 \times 4$ Oktanten beschränkt. Nun ist es nur noch ein kleiner Schritt zu der folgenden (oder einer äquivalenten) Lösung.

Man teste zunächst alle möglichen Zahlenfolgen mit den Ziffern $\{1, 2, 3, 4\}$, deren Summe ein Vielfaches von 4 ist. Davon gibt es insgesamt sechzehn, denn je zwei beliebige Zahlen legen die dritte fest. Nun versuche man alle Kombinationen, die man durch Addition von $(4, 4, 4)$ zu den vorherigen Zahlenfolgen erhält, d. h., indem man zu jeder der drei Zahlen eine 4 addiert. Davon gibt es nochmals 16, und wir behaupten, dass diese 32 Kombinationen bereits alle Möglichkeiten abdecken.

Der Nachweis ist nicht schwer. Die korrekte Kombination (alle drei Zahlen richtig) besteht aus drei Ziffern, von denen mindestens zwei entweder in der Menge $\{1, 2, 3, 4\}$ oder in der Menge $\{5, 6, 7, 8\}$ liegen. Im ersten Fall gibt es einen eindeutigen Wert für die dritte Ziffer (die möglicherweise nicht in der Menge $\{1,2,3,4\}$ liegt), sodass die drei Ziffern bereits unter den ersten 16 getesteten Kombinationen sind. Ähnlich verhält es sich mit dem anderen Fall.

Etwas schwieriger ist der Beweis, dass man mit 31 oder weniger Versuchen nie alle Kombinationen abdecken kann. Die folgende Beweisidee (es gibt auch andere) stammt von Amit. Angenommen S wäre eine solche Menge an Zahlenkombinationen, die alle Möglichkeiten abdeckt, und $|S| = 31$. Wir definieren $S_i = \{(x,y,z) \in S : z = i\}$ als die i-te Schicht von S.

Außerdem definieren wir die folgenden Mengen: $A = \{1,2,3\}, B = \{4,5,6,7,8\}$ und $C = \{2,3,4,5,6,7,8\}$. Mindestens eine Schicht von S enthält höchstens drei Punkte. Ohne Einschränkung der Allgemeinheit können wir annehmen, diese Schicht sei S_1 und $|S_1| = 3$. (Für $|S_1| \leq 2$ gelangt man sehr schnell zu einem Widerspruch.) Die Punkte von S_1 müssen sich innerhalb eines $3 \times 3 \times 1$-Unterquaders befinden. Wiederum ohne Einschränkung der Allgemeinheit können wir annehmen, dass sie in dem Unterquader $A \times A \times \{1\}$ liegen.

Die 25 Kombinationen in $B \times B \times \{1\}$ müssen von Punkten abgedeckt werden, die nicht in S_1 liegen. Keine zwei davon können von demselben Punkt in S abgedeckt werden, also muss $S - S_1$ eine Teilmenge T mit 25 Elementen haben, die innerhalb des Unterwürfels $B \times B \times C$ liegt. Nun betrachten wir die Menge $P = \{(x,y,z) : z \in C, (x,y,1) \notin S_1, (x,y) \notin B \times B\}$. Durch einfaches Abzählen findet man $|P| = (64 - 3 - 25) \cdot 7 = 252$. Kein Punkt in P wird durch S_1 abgedeckt, und jeder Punkt in T kann höchstens $3 + 3 = 6$ Punkte in P abdecken. Daher gibt es mindestens $252 - 6 \cdot 25 = 102$ Punkte in P, die von Punkten in $S - S_1 - T$ abgedeckt werden müssen.

Doch $|S - S_1 - T| = 31 - 3 - 25 = 3$, und jeder Punkt in dem Würfel deckt genau 22 Punkte ab. Da $22 \cdot 3 = 66 < 102$, erhalten wir einen Widerspruch.

Würfel der anderen Art

Dieses Problem ist so berühmt, dass seine Lösung einen eigenen Namen hat: „Sicherman-Würfel". In der Kolumne von Martin Gardner im Scientific American von 1978 [20] oder in *Penrose Tiles to Trapdoor Ciphers* [23] kann man nachlesen, wie die Lösung von Colonel George Sicherman – er lebt heute in Wayside, New Jersey – entdeckt wurde. Die Lösung von Sicherman ist eindeutig und die Bezeichnungen auf den Würfeln sind $\{1,3,4,5,6,8\}$ und $\{1,2,2,3,3,4\}$.

Vielleicht sind Sie durch geschicktes Raten auf diese Lösung gestoßen, was bei einem konkreten Problem eine durchaus zulässige Methode ist. In diesem Fall gibt es jedoch einen eleganten Weg, der zugleich ein einfaches Beispiel für den mathematischen Nutzen sogenannter *erzeugender Funktionen* ist.

Wir ordnen einem Würfel ein Polynom in der Variablen x zu, wobei der Koeffizient des Terms x^k angibt, wie häufig die Zahl k auf dem Wüfcl auftaucht. Für einen gewöhnlichen Würfel lautet das Polynom somit $f(x) = x + x^2 + x^3 + x^4 + x^5 + x^6$.

Der entscheidende Vorteil dieser Darstellung besteht darin, dass das Ergebnis eines Wurfs von zwei (oder auch mehr) Würfeln durch das *Produkt* ihrer jeweiligen Polynome dargestellt wird. Für den Wurf mit zwei gewöhnlichen Würfel gibt der Koeffizient von x^{10} in dem Produkt (also in $f(x)^2$) gerade die Anzahl der Möglichkeiten an, auf die sich zwei Terme aus $f(x)$ zu dem Produkt x^{10} verbinden. In diesem Fall sind es die Terme $x^4 \cdot x^6$, $x^5 \cdot x^5$ und $x^6 \cdot x^4$. Jeder dieser Terme entspricht genau einer der drei Möglichkeiten, insgesamt eine 10 zu würfeln.

Wenn also $g(x)$ und $h(x)$ die beiden Polynome sind, die unsere neuen Würfel darstellen, dann muss gelten: $g(x) \cdot h(x) = f(x)^2$. Polynome haben aber, ähnlich wie Zahlen, eindeutige Primfaktorzerlegungen. Für das Polynom $f(x)$ gilt beispielsweise: $f(x) = x(x + 1)(x^2 + x + 1)(x^2 - x + 1)$. Wenn also das Produkt von $g(x)$ und $h(x)$ gleich $f(x)^2$ sein soll, muss eine der beiden Kopien von jedem dieser 4 Faktoren in einem der beiden Polynome auftauchen. Es gibt aber noch eine weitere Einschränkung: Weder in $g(x)$ noch in $h(x)$ darf x^0 mit einem nichtverschwindenden Koeffizienten auftreten (das würde bedeuten, einige Seiten hätten die „0" als Zahl) oder ein negativer Term. Außerdem muss die Summe der Koeffizienten für beide Polynome gleich 6 sein (entsprechend den sechs Seiten eines Würfels).

Die einzige Möglichkeit dafür (außer der „trivialen" Lösung $g(x) = h(x) = f(x)$) ist

$$g(x) = x(x + 1)(x^2 + x + 1) = x + 2x^2 + 2x^3 + x^4$$

und

$$h(x) = x(x + 1)(x^2 + x + 1)(x^2 - x + 1)^2$$
$$= x + x^3 + x^4 + x^5 + x^6 + x^8,$$

bzw. umgekehrt.

Das mag zunächst ebenfalls nach geschicktem Raten aussehen, doch mit diesem Verfahren lassen sich auch weitaus kompliziertere Probleme lösen. So können Sie beispielsweise Alternativen für ein Paar achtseitiger Würfel mit den Zahlen 1 bis 8 finden (dafür gibt es drei neue Möglichkeiten), oder auch Alternativen für den Fall, dass die Wahrscheinlichkeiten für die Summen von drei gewöhnlichen Würfeln gleich sein sollen (dafür gibt es mehrere Möglichkeiten).

Falls Sie an weiteren Informationen zu diesem Problem interessiert sind, möchte ich Sie auf einen ausgezeichneten Artikel von Joe Gallian und Dave Rusin [18] verweisen.

Münzwurfraten

Von diesem Rätsel erfuhr ich durch Oded Regev vom Technion in Israel.

Wenn Sonny und Cher mehr als 2/3 der Würfe gewinnen wollen, können sie die Folge der Münzwürfe in Blöcke von jeweils drei Würfen unterteilen. Während eines Blocks „übermittelt" Cher an Sonny die Information, ob bei dem *nächsten* Block mehrheitlich Kopf oder mehrheitlich Zahl auftritt. Im ersten Fall tippt Sonny für den nächsten Block auf „KKK", im zweiten Fall auf „ZZZ".

Doch wie übermittelt Cher diese Information an Sonny? Nun, in den meisten Fällen macht Sonny innerhalb eines laufenden Blocks (genau) einen Fehler, und für diesen Wurf gibt Cher „K" an, wenn sie andeuten will, dass der nächste Block vorwiegend aus Kopf besteht, oder entsprechend „Z". Bei den anderen beiden Würfen in dieser Runde gibt Cher (ebenso wie Sonny) die richtige Antwort, was ihnen somit zwei von drei möglichen richtigen Antworten sichert.

In den Fällen, bei denen Sonny für den laufenden Block alle drei Würfe richtig „raten" kann, verwendet Cher eine ihrer Ansagen – beispielsweise die dritte – um die Information zum nächsten Block zu übermitteln, selbst wenn beide auf diese Weise einen Wurf verlieren.

Vom ersten Block abgesehen gewinnen Sonny und Cher somit genau zwei von drei Würfen, sofern in einem Block zweimal Kopf und einmal Zahl oder umgekehrt, zweimal Zahl und einmal Kopf auftreten. Sollte ein Block dreimal Kopf oder dreimal Zahl enthalten (was in 1/4 der Fälle passiert), dann gewinnen sie in der Hälfte dieser Fälle zwei der drei Würfe, und in der anderen Hälfte sogar alle drei Würfe. Zusammengenommen gewinnen sie somit $3/4 \cdot 2/3 + 1/4 \cdot 5/6 = 17/24 > 70{,}8\%$ aller Würfe. Selbst im ungünstigsten Fall (beispielsweise, wenn die Reihenfolge der Ergebnisse nicht zufällig ist, sondern von einem Gegner ausgewählt wird) garantiert diese Strategie immer noch eine Gewinnwahrscheinlichkeit von mindestens 2/3.

Olivier Gossner, Penélope Hernández und Abraham Neyman [28] konnten zeigen, dass Sonny und Cher mit ausge-

feilteren Varianten dieser Strategie ihren Erfolgsanteil beliebig nahe an einen Wert x verbessern können, wobei x die
eindeutige Lösung der Gleichung

$$-x\log_2 x - (1-x)\log_2(1-x) + (1-x)\log_2 3 = 1,$$

ist. Besser geht es nicht mehr. Dieser Gewinnanteil gilt so-
wohl für zufällige Münzwürfe als auch für eine Folge von
Kopf und Zahl, die ein Gegner sich ausgedacht hat. Da der
Wert von x bei ungefähr 0,8016 liegt, können Sonny und
Cher tatsächlich mehr als 80% der Fälle für sich entscheiden,
selbst wenn ein Gegner die Folge auswählt.

Namensuche in Schachteln

Dieses Rätsel hat eine kurze aber erstaunliche Geschichte.
In leicht abgewandelter Form stammt es von dem dänischen
Informatiker Peter Bro Miltersen und erschien zunächst in
einem Artikel von ihm und Anna Gal [17], der prompt einen
Preis gewann. Allerdings glaubte Miltersen, dass es keine entsprechende Strategie gäbe, bis sein Kollege Sven Skyum ihn
beim Mittagessen auf eine Lösung aufmerksam machte. Ich
erfuhr schließlich von dem Rätsel (in einer etwas komplizier-
teren als der hier vorgestellten Form) von Dorit Aharonov.

Zur Lösung müssen sich die Gefangenen zunächst auf eine zufällige Markierung der Schachteln einigen, die sie jeweils mit ihren Namen verbinden. (Sie müssen diese Markierung zufällig wählen und vor den Wärtern geheim halten,
damit die Wärter die Namensschilder nicht in einer Weise auf
die Schachteln verteilen können, bei der die unten angegebene Strategie unterlaufen wird.) Wenn ein Gefangener den
Raum betritt, schaut er zunächst in seine Schachtel (d.h. die
Schachtel, deren Markierung er mit seinem Namen verbindet). Dann schaut er in die Schachtel zu dem Namen, den
er in der ersten Schachtel gefunden hat, anschließend in die
Schachtel zu dem Namen in der zweiten Schachtel und so

weiter, bis er schließlich seinen eigenen Namen gefunden
oder aber 50 Schachteln geöffnet hat.

   Soweit die Strategie – doch weshalb sollte sie funktionieren? Nun, die Verteilung von Namensschildern in die (mar-
kierten) Schachteln entspricht einer zufällig gewählten Permutation der 100 Namen. Jeder Gefangene folgt nun einem
Zyklus der Permutation, angefangen bei seiner Schachtel. Er
endet bei der Schachtel, die den Zettel mit seinem Namen
enthält, oder aber der Zyklus ist länger als 50 und die Gefangenen haben verloren. Wenn also die Zufallspermutation
keinen Zyklus mit einer Länge von mehr als 50 besitzt, funktioniert diese Strategie und die Gefangenen sind gerettet.

   Tatsächlich ist die Wahrscheinlichkeit, dass eine zufällig
gewählte Permutation der Zahlen von 1 bis $2n$ keinen Zyklus
mit einer Länge größer als n enthält, größer als 1 minus dem
natürlichen Logarithmus von 2 – ungefähr 30,6863%.

   Zum Beweis zählen wir die Anzahl der Permutationen von
$2n$ Elementen, die einen Zyklus C der Länge k haben, wobei $n < k \leq 2n$. Es gibt insgesamt $\binom{2n}{k}$ Möglichkeiten, die
Elemente von C auszuwählen, $(k-1)!$ Möglichkeiten, sie zy-
klisch zu ordnen, und $(2n-k)!$ Möglichkeiten, den Rest zu
permutieren. Das Produkt dieser Zahlen ist $(2n)!/k$. Da es in
einer gegebenen Permutation von $2n$ Elementen nur maximal einen k-Zyklus mit $n < k$ geben kann, ist die Wahrscheinlichkeit dafür gerade $1/k$.

   Somit ist die Wahrscheinlichkeit dafür, dass eine Zufallspermutation überhaupt keinen langen Zyklus (länger als n)
hat, gleich:

$$1 - \frac{1}{n+1} - \frac{1}{n+2} - \cdots - \frac{1}{2n} = 1 - H_{2n} + H_n,$$

wobei H_m die Summe der Inversen der ersten m positiven
ganzen Zahlen ist, also ungefähr $\ln m$. Damit ist die gesuchte
Wahrscheinlichkeit ungefähr $1 - \ln 2n + \ln n = 1 - \ln 2$, tatsächlich sogar etwas größer. Für $n = 50$ finden wir, dass die

Gefangenen mit einer Wahrscheinlichkeit von 31,1827821% überleben.

Kürzlich haben Eugene Curtin und Max Warshauer [10] in „The Locker Puzzle", *The Mathematical Intelligencer* Bd. 28 Nr. 1 (2006), S. 28–31, gezeigt, dass sich diese Lösung auch nicht mehr übertreffen lässt.

Eine leicht abgewandelte Variante des Rätsels stammt von Lambert Bright und Rory Larson, sowie unabhängig von ihnen von Richard Stanley vom MIT. Angenommen, jeder Gefangene muss in *mindestens* 50 Schachteln schauen, und die Bedingung, unter der die Gefangenen freigelassen werden, lautet, dass *keiner* der Gefangenen seinen eigenen Namen finden darf? Auch wenn es sich offensichtlich um genau die entgegengesetzte Bedingung im Vergleich zur ursprünglichen Aufgabenstellung handelt, scheint die alte Strategie auch hier die beste zu sein. Nun können die Gefangenen nur dann überleben, wenn jeder Zyklus länger als 50 ist. Dazu muss die Permutation jedoch aus einem großen Zyklus (der Länge 100) bestehen. Die Wahrscheinlichkeit dafür sind magere 1/100 oder 1%, was aber immer noch wesentlich besser ist als 2^{-100}.

Interessanterweise wären die Erfolgsaussichten dieselben, wenn jeder Gefangene in 99 Schachteln schauen müsste. Bei der vorgegebenen Strategie gewinnen sie genau dann, wenn die Permutation aus einem großen Zyklus besteht. In diesem Fall ist offensichtlich, dass es keine bessere Strategie geben kann, denn schon der erste Gefangene hat nur eine Chance von 1%, seinen eigenen Namen nicht zu finden. Das Erstaunliche an der Strategie ist, dass jeder Gefangene genau dann erfolgreich ist, wenn der erste Gefangene Erfolg hat.

3 Zahlen und ihre Eigenschaften

Der Schöpfer des Universums geht geheimnisvolle Wege. Aber er verwendet ein Zahlensystem zur Basis 10 und liebt runde Zahlen.

Scott Adams (*1957)

Zahlen verhalten sich oftmals erstaunlich seltsam, und so ist es nicht verwunderlich, dass sich viele herrliche Rätsel mit diesem Verhalten befassen und uns manchmal sogar helfen, die Zahlen besser zu verstehen.

Zeilen und Spalten

Beweisen Sie: Wenn Sie zunächst jede Zeile einer Matrix ordnen, dann jede Spalte, sind die Zeilen immer noch geordnet!

Endloses Ausmultiplizieren

Gegeben sei ein algebraischer Ausdruck bestehend aus Variablen, Additionen, Multiplikationen und Klammern. Sie möchten die Klammern in diesem Ausdruck unter Ausnutzung des Distributivgesetzes ausmultiplizieren. Woher wissen Sie, dass dieses Verfahren irgendwann endet?

Anmerkung: Man könnte auf die Idee kommen zu argumentieren, dass beim Ausmultiplizieren die Anzahl Klammern abnimmt, doch das ist nicht immer der Fall, wie folgendes Beispiel beweist:

$$(x+y)(s(u+v)+t) = x(s(u+v)+t) + y(s(u+v)+t).$$

Die rechte Seite enthält mehr Klammern als die linke.

Chamäleons

Eine Chamäleonkolonie besteht gegenwärtig aus 20 roten, 18 blauen und 16 grünen Individuen. Wenn sich zwei Chamäleons unterschiedlicher Farben treffen, ändern beide ihre Farben zu der dritten Farbe. Ist es möglich, dass alle Chamäleons nach einer Weile dieselbe Farbe haben?

Die fehlende Ziffer

Die Zahl 2^{29} hat im Zehnersystem 9 Ziffern, die alle verschieden sind. Welche Ziffer fehlt?

Ausgeglichene Aufteilung

Können Sie die Menge der natürlichen Zahlen von 1 bis 16 in zwei gleich große Teilmengen aufspalten, sodass in beiden Teilmengen die Summen aller Elemente gleich sind, ebenso die Summen aller Quadrate und die Summen aller dritten Potenzen der Elemente?

Rätsel 33

Rückgewinnung der Zahlen

Für welche positiven ganzen Zahlen n gilt folgende Behauptung? Aus den $\binom{n}{2}$ paarweisen Summen von n verschiedenen positiven ganzen Zahlen lassen sich diese Zahlen eindeutig wieder zurückgewinnen.

Gleichverteilte Gummibonbons

n Kinder bilden einen Kreis, und jedes Kind hält in seiner Hand einige Gummibonbons. Der Lehrer gibt jedem Kind, das eine ungeraden Anzahl von Bonbons hat, ein weiteres Bonbon, anschließend gibt jedes Kind die Hälfte seiner Bonbons seinem Nachbarn zur Linken. Diese beiden Schritte werden so lange wiederholt, bis sich die Verteilung der Bonbons nicht mehr ändert. Beweisen Sie, dass dieses Spiel tatsächlich irgendwann endet, und dass alle Kinder dieselbe (gerade) Zahl von Gummibonbons in der Hand halten.

Die neunundneunzigste Stelle hinter dem Komma

Wie lautet die 99. Nachkommastelle in dem Dezimalausdruck von $(1 + \sqrt{2})^{500}$?

Teilmengen mit Einschränkungen

Wie viele Zahlen zwischen 1 und 30 kann man höchstens auswählen, sodass für keine zwei dieser Zahlen das Produkt eine Quadratzahl ist? Wie lautete die Antwort, wenn stattdessen keine Zahl durch eine andere ohne Rest teilbar sein soll. Oder keine zwei Zahlen einen Faktor (ausgenommen 1) gemeinsam haben?

Gleichschwere Brötchen

Dreizehn Brötchen haben die Eigenschaft, dass je zwölf von ihnen in zwei Haufen von jeweils sechs Brötchen aufgeteilt werden können, sodass beide Haufen exakt gleich schwer sind. Zeigen Sie, dass alle Brötchen dasselbe wiegen.

Das nächste Rätsel ist mathematisch etwas schwieriger als die meisten anderen in diesem Buch, aber es hat seinen Grund, dass es mit aufgenommen wurde.

Ein Rätsel wird 100

Die Reihe $1 - 1 + 1 - 1 + 1 - \cdots$ konvergiert nicht, daher ist die Funktion $f(x) = x - x^2 + x^4 - x^8 + x^{16} - x^{32} + \cdots$ an der Stelle $x = 1$ auch nicht definiert. Allerdings ist $f(x)$ konvergent für alle positiven reellen Zahlen $x < 1$. Hat $f(x)$ einen wohldefinierten Grenzwert, wenn sich x von unten gegen 1 nähert?

Zwei Blinker (fast) im Takt

Zwei ideale Blinker (bei vernachlässigbarer Blitzdauer und jeweils exakt konstanter Zeitspanne zwischen zwei Blitzen) beginnen zum Zeitpunkt 0 mit einem synchronisierten Blitz. Anschließend beobachtet man *im Durchschnitt* einen Blitz pro Minute von einem der beiden Blinker. Allerdings blinken beide nie mehr gleichzeitig (mit anderen Worten, ihre Blinkfrequenzen stehen in einem irrationalen Verhältnis zueinander).

Beweisen Sie: Nach der ersten Minute (von 0:00 bis 0:01) gibt es *genau einen Blitz* in jedem Zeitintervall zwischen den Zeitpunkten t Minuten und $t+1$ Minuten (t eine ganze Zahl)!

Rote und blaue Würfel

Gegeben seien insgesamt $2n$ Würfel, n davon blau und n rot. Jeder Würfel hat n Seiten und trägt die Zahlen 1 bis n. Sie würfeln mit allen $2n$ Würfeln gleichzeitig. Beweisen Sie, dass es eine nicht-leere Menge von roten und eine nicht-leere Menge von blauen Würfeln geben *muss*, bei denen die Summe der Augenzahlen gleich ist.

Lösungen und Kommentare

Zeilen und Spalten

Hierbei handelt es sich um einen klassischen Satz aus der Kombinatorik – ebenso einfach wie überraschend. Dan Romit von der Hebrew University in Jerusalem hat mich daran erinnert. In seinem dritten Band der Serie *Art of Computer Programming* [39] verweist Donald Knuth bei diesem Satz auf eine Fußnote in einem Buch von Herman Boerner [6] aus dem Jahre 1955. Richard Tenner, ein Student des berühmten Kombinatorikers Richard Stanley vom MIT, schrieb kürzlich einen Artikel mit dem Titel „A Non-Messing-Up Phenomenon for Posets" [54], in dem er diesen Satz verallgemeinert.

Zum Beweis des Satzes von Boerner stellen wir uns eine Matrix mit m Zeilen und n Spalten vor, und nachdem jede Zeile geordnet wurde (beispielsweise mit dem kleinsten Wert ganz links), sei das Element in der i-ten Zeile und der j-ten Spalte a_{ij}; nachdem auch die Spalten geordnet wurden, sei es b_{ij}. Wir müssen nun beweisen, dass für alle $j < k$ gilt: $b_{ij} \leq b_{ik}$.

Hierbei handelt es sich um einen jener Sachverhalte, bei deren Einschätzung man ständig zwischen „offensichtlich" und „eigenartig" schwankt. Man kann folgendermaßen argumentieren: b_{ik} ist der i-t kleinste Eintrag in der alten Spalte $\{a_{1k}, a_{2k}, \ldots, a_{mk}\}$. Für jeden Eintrag $a_{i'k}$, der unterhalb von a_{ik} zu liegen kommt, ist der Eintrag $a_{i'j}$ aus derselben Zeile aber der j-ten Spalten in jedem Fall nicht größer. Daher gibt es (a_{ij} eingeschlossen) *mindestens i* Einträge der ursprünglichen j-ten Spalte, die nicht größer als b_{ik} sind. Also ist das i-t kleinste Element in der alten Spalte j (nämlich b_{ij}) nicht größer als b_{ik}. Genau das war zu zeigen.

Oder wäre ein einfaches Beispiel doch überzeugender? Sie entscheiden selbst.

Endloses Ausmultiplizieren

Auf diese seltsame Frage stieß ich durch Dick Lipton vom College of Computing am Georgia Tech (USA).

Man kann für solche Klammerausdrücke sogenannte Bäume (spezielle Graphen) definieren, und dann die Tiefe dieser Bäume untersuchen. Es gibt jedoch eine einfachere Möglichkeit: Man setze für alle Variable den Wert 2 ein! Da die Anwendung des Distributivgesetzes (das Ausmultiplizieren) den Zahlenwert eines Ausdrucks nicht ändert, liefert der anfängliche Wert des Ausdrucks eine Schranke für die Größe von jedem anderen Ausdruck, den man durch das Ausmultiplizieren erhält.

Chamäleons

Dieses Rätsel erhielt ich von Boris Schein, einem Algebraiker an der Universität von Arkansas, und es ist vermutlich schon ziemlich alt. Es wurde unter anderem einem Acht-Semestler in Kharkov gestellt sowie einem jungen Absolventen von Havard bei einem Vorstellungsgespräch bei einer großen Finanzfirma. Beide konnten das Problem lösen!

Die entscheidende Lösungsidee ist folgende: Nach jedem Treffen zweier Chamäleons bleibt die Differenz in der Anzahl der Individuen von je zwei Farben modulo 3 unverändert. Ausgedrückt in Symbolen: Bezeichnen wir mit N_R, N_B und N_G jeweils die Anzahl der roten, blauen bzw. grünen Chamäleons, dann bleibt beispielsweise der Rest bei einer Division von $N_R - N_B$ durch 3 unverändert, wenn sich zwei Chamäleons treffen. Zum Beweis spielt man einfach die möglichen Fälle durch. Da also diese Differenzen modulo 3 unverändert bleiben, und da in der gegebenen Kolonie keine dieser Differenzen gleich null modulo 3 ist, können nie zwei der Farbpopulationen verschwinden.

Falls andererseits die Differenz von zwei der Farbpopulationen (z. B., $N_R - N_B$) ein positives Vielfaches von 3 ist, gilt Folgendes: Diese Differenz wird um 3 kleiner, wenn ein rotes Chamäleon auf ein grünes trifft (falls es keine grünen Chamäleons gibt, kann ein rotes auf ein blaues treffen, wobei zwei grüne entstehen und die Differenz unverändert bleibt), und dies kann sich solange wiederholen, bis $N_R = N_B$, und nun treffen die roten Chamäleons paarweise auf die blauen und es bleiben nur noch grüne übrig.

Wir können die Ergebnisse folgendermaßen zusammenfassen, wobei wir noch berücksichtigen, dass aus dem Verschwinden von zwei der Differenzen auch das Verschwinden der dritten folgt:

- wenn alle drei Differenzen Vielfache von 3 sind, kann sich letztendlich jede Farbe durchsetzen, wobei die anderen beiden aussterben;

- wenn nur eine der Differenzen ein Vielfaches von 3 ist, kann nur die dritte Farbe (die nicht an dieser Differenz beteiligt ist) die Kolonie übernehmen; und schließlich

- wenn keine der Differenzen ein Vielfaches von 3 ist, wie in dem obigen Problem, kann die Kolonie niemals einfarbig werden, es sei denn andere Umstände (z. B. Geburten oder Todesfälle) kommen hinzu.

Im Herbst 1984 wurde dieses Rätsel auf dem Internationalen „Mathematics Tournament of Towns" (mit den Ziffern 13, 15 und 17) als Problem 5 sowohl auf dem Junior-A-Level als auch auf dem Senior-O-Level gestellt. Das Tournament of Towns, von dem später noch weitere Aufgaben folgen, wurde 1980 von Nikolai Konstantinov aus Moskau ins Leben gerufen. Es war die Zeit von Perestroika und Glasnost, und das Umfeld der Mathematikerwettbewerbe war davon ebenso betroffen wie jeder andere Lebensbereich in der Sowjetunion. Konstantinov war mit einigen Richtlinien der Zentralen Komitees für ähnliche Wettbewerbe unzufrieden und rief diesen Wettbewerb zunächst für einige kleinere ländliche Städte ins Leben. Er schaffte es, eine Gruppe herausragender Mathematiker um sich zu scharren, und der Erfolg dieses Wettbewerbs führte schließlich dazu, dass sogar Moskau eine dieser Städte wurde. Anfang der 90er Jahre gründete diese Gruppe die IUM (Independent University of Moskow), die mittlerweile zu einem Zentrum für Didaktik der Mathematik in Moskau wurde, dem MCCME (Moskow Center for Continuous Mathematical Education).

Der Mathematikwettbewerb breitete sich nach Polen und Bulgarien aus, und dank des Einsatzes von Peter Taylor von der Universität von Canberra im Jahre 1989 auch nach Australien. Derzeit ist Taylor der geschäftsführende Direktor des Australian Mathematics Trust, mit dessen Unterstützung er mittlerweile fünf Bücher über diesen Wettbewerb veröffentlicht hat.

Im Jahre 1990 brachte Andy Liu den Wettbewerb nach Kanada, und mittlerweile gibt es ihn auf der ganzen Welt, mit Teilnehmern aus den Vereinigten Staaten, Westeuropa, Asien und Südamerika. Die englischen Aufgaben und Lösungen werden von Andrei Storozhev und Andy Liu zusammengestellt.

Die fehlende Ziffer

Dieses nette Puzzle stammt von der Rätselspalte von Berlekamp und Buhler im *Emissary* [3], Frühjahr/Herbst 2006,
und sie haben es von dem Zahlentheoretiker Hendrik Lenstra. Natürlich können Sie „2^29" in Google™ eingeben und
dann nach der fehlenden Ziffer suchen, aber es gibt auch eine
Möglichkeit, die Antwort ohne Kopfschmerzen durch reines
Nachdenken zu finden.

Vielleicht erinnern Sie sich noch an einen Rechentrick
aus der Schule, die „Neunerprobe", bei dem man immer die
Quersummen modulo 9 bestimmt (d. h., den Rest nach einer
Division durch 9). Dieser Test war den Indern und Arabern
schon im Mittelalter bekannt. Dahinter steckt die Beziehung
$10 \equiv 1 \bmod 9$, und somit auch $10^n \equiv 1^n \equiv 1 \bmod 9$ für jedes
beliebige n. Bezeichnen wir mit x^* die Quersumme der Zif-
fern in der Zahl x, so gilt außerdem $(xy)^* \equiv x^* y^* \bmod 9$ für
zwei beliebige Zahlen x und y.

Insbesondere folgt daraus, dass $(2^n)^* \equiv 2^n \bmod 9$ ist. Die
Potenzen von $2 \bmod 9$ beginnen mit 2, 4, 8, 7, 5, 1 und wiederholen sich dann. Aus $29 \equiv 5 \bmod 6$ (6 ist die Länge der
Periode der Potenzen von 2 mod 9) folgt $2^{29} \equiv 2^5 \bmod 9$,
und das ist gleich der fünften Zahl in der obigen Folge, also gleich 5.

Die Summe *aller* Zahlen von 0 bis 9 ist 45, und es gilt
$45 \equiv 0 \bmod 9$. Da bei der Quersumme von 2^{29} eine der
Zahlen fehlt, und diese Quersumme modulo 9 gleich 5
ist, muss die fehlende Zahl die 4 sein. Tatsächlich gilt $2^{29} =$
536 870 912.

Ausgeglichene Aufteilung

Ich erhielt dieses Rätsel von Muthu Muthukrishnan (Rud-
gers), der es wiederum von Bob Tarjan (Princeton) gehört
hatte. Beide sind bekannte Computerwissenschaftler. Es

zeigt sich, dass es tatsächlich eine Partition mit den genannten Eigenschaften gibt: $\{1, 4, 6, 7, 10, 11, 13, 16\}$ und $\{2, 3, 5, 8, 9, 12, 14, 15\}$.

Falls Sie selbst an das Problem herangehen möchten, denken Sie zunächst möglicherweise: Hmm ..., 16 ist eine Potenz von 2; handelt es sich bei diesem Beispiel vielleicht um einen Spezialfall einer allgemeineren Aussage? Kann ich die Zahlen 1 bis 8 in zwei gleich große Mengen aufteilen, sodass die Summen und die Summen der Quadrate in beiden Mengen gleich sind? Wie steht es mit einer Partition der Menge 1 bis 4 in zwei gleichgroße Mengen mit jeweils derselben Summe? Das Letztere ist natürlich leicht: $\{1, 4\}$ und $\{2, 3\}$. Für die Zahlen von 5 bis 8 geht es ebenso: $\{5, 8\}$ und $\{6, 7\}$ haben jeweils dieselben Summen. Nun kombinieren wir diese beiden Beispiele (kreuzweise) und erhalten: $\{1, 4, 6, 7\}$ und $\{2, 3, 5, 8\}$. Die Summen sind nach Konstruktion gleich, aber auch die Summen der Quadrate sind nun gleich.

Ganz allgemein kann man induktiv beweisen, dass sich die Menge der ganzen Zahlen von 1 bis 2^k in zwei Teilmengen X und Y aufspalten lässt, sodass die Summen der j-ten Potenzen ($0 \leq j \leq (k-1)$) in beiden Mengen gleich sind. Gleichbedeutend können wir auch sagen, für jedes Polynom p vom Grade kleiner als k gilt $p(X) = p(Y)$, wobei $p(X)$ definiert ist als $\sum_{x \in X} p(x)$.

Für den Induktionsschritt von 2^k zu 2^{k+1} definieren wir zunächst $X' = X \cup (Y + 2^k)$ (wobei wir $Y + 2^k$ aus Y erhalten, indem wir 2^k zu jedem Element von Y addieren) und entsprechend $Y' = Y \cup (X + 2^k)$. Für den Beweis überzeugt man sich zunächst, dass $p(X + 2^k) = p(Y + 2^k)$, da jeder Term nur ein anderes Polynom in x_i bzw. y_i ist. X' und Y' erfüllen also tatsächlich alle Identitäten für Polynome, deren Grad kleiner ist als k, doch was ist mit einem Polynom r vom Grade k?

Auch hier gibt es keine Probleme, denn die Terme mit der k-ten Potenz auf beiden Seiten sind genau die von $r(X) + r(Y)$.

Wer Näheres dazu erfahren möchte sollte sich mit dem Thema „Mehrgradige Gleichungen" beschäftigen, wozu das Buch von Albert Gloden [26] eine ausgezeichnete Referenz ist.

Rückgewinnung der Zahlen

Nick Reingolt von den AT&T Labs schickte mir dieses Rätsel. Das Problem ist genau dann lösbar, wenn n keine Potenz von 2 ist! Zur Begründung betrachten wir nochmals Potenzen von Polynomen.

Wir nehmen zunächst an, $X = \{x_1, \ldots, x_n\}$ und $Y = \{y_1, \ldots, y_n\}$ seien zwei verschiedene Zahlenmengen, für die jedoch sämtliche paarweisen Summen von Zahlen gleich sind. Es sei $p(z)$ das Polynom $z^{x_1} + z^{x_2} + \cdots + z^{x_n}$ und entsprechend $q(z) = z^{y_1} + z^{y_2} + \cdots + z^{y_n}$. Nach Voraussetzung sind in den Polynomen $p(z)^2$ und $q(z)^2$ alle Terme gleich, bei denen sich die Potenzen von z aus verschiedenen x_i bzw. y_i zusammensetzen. Also ist $p(z)^2 - p(z^2) = q(z)^2 - q(z^2)$ und somit $p(z)^2 - q(z)^2 = p(z^2) - q(z^2)$. Da $X \neq Y$ sind die Polynome $p(z)$ und $q(z)$ verschieden, und wir dürfen beide Seiten durch $p(z) - q(z)$ dividieren:

$$p(z) + q(z) = \frac{p(z^2) - q(z^2)}{p(z) - q(z)}.$$

Da $p(1) = q(1) = n$, ist $z = 1$ eine Wurzel von $p(z) - q(z)$ (mit einer positiven Multiplizität k). Wir können also schreiben: $p(z) - q(z) = (z - 1)^k r(z)$, und entsprechend $p(z^2) - q(z^2) = (z^2 - 1)^k r(z^2) = (z - 1)^k (z + 1)^k r(z^2)$. Wir kürzen die Faktoren $(z - 1)^k$ heraus und erhalten:

$$p(z) + q(z) = \frac{(z + 1)^k r(z^2)}{r(z)}.$$

Für $z = 1$ folgt: $2n = 2^k$. Falls n keine Potenz von 2 ist, erhalten wir einen Widerspruch, d. h. $p(z) = q(z)$, und damit ist $X = Y$.

Mit den rekursiv definierten Mengen X und Y aus dem vorherigen Problem können wir uns auch leicht überzeugen, dass man die Zahlen nicht notwendigerweise zurückgewinnen kann, *wenn n* eine Potenz von 2 ist. Angenommen, X und Y seien eine Partition von $\{1, \ldots, 2^k\}$ und erzeugen dieselben paarweisen Summen. Wir betrachten nun $X' = X \cup (Y + 2^k)$ und $Y' = Y \cup (X + 2^k)$. Die paarweisen Summen von X' sind von der Form $x_1 + x_2, y_1 + y_2 + 2^{k+1}$ und $x + y + 2^k$. Da nach Induktionsvoraussetzung die Terme der Form $x_1 + x_2$ gleich den Termen der Form $y_1 + y_2$ sind, erhalten wir für Y' exakt dieselben paarweisen Summen.

Gleichverteilte Gummibonbons

Cliff Smyth (MIT) hat dieses Rätsel zu der herrlichen Webseite „The Puzzle Toad" beigesteuert, die von Tom Bohman, Oleg Pikhurko, Alan Frieze und Danny Sleator von der Carnegie Mellon University verwaltet wird.[1] Es handelt sich um eine der Aufgaben des Pekinger Mathematikschulwettbewerbs von 1962 (Klasse 12, Blatt II, Aufgabe 4.)

Es sei M die maximale Anzahl von Gummibonbons, die ein Kind zu irgendeinem Zeitpunkt in der Hand hält. Wir überzeugen uns zunächst, dass M nicht zunehmen kann, es sei denn M ist ungerade, und dann nimmt es um eins zur nächsten geraden Zahl zu und wird anschließend nicht mehr größer.

M sei zunächst gerade. Dann ändert es sich nicht, wenn der Lehrer jeweils ein Gummibonbon an die Kinder mit einer ungeraden Anzahl von Bonbons verteilt. Nachdem im zweiten Schritt die Kinder ihre Bonbons ausgetauscht haben, kann kein Kind mehr als $\frac{1}{2}M + \frac{1}{2}M = M$ Gummibonbons ha-

---

[1]   http://www.cs.cmu.edu/puzzle.

ben. Und falls M ungerade ist, wird es um eins zur nächsten geraden Zahl erhöht, und wenn die Kinder ihre Gummibonbons wieder austauschen, gilt dasselbe wie vorher.

Daraus folgt, dass der Lehrer nach einer endlichen Anzahl von Schritten keine weiteren Gummibonbons mehr in das Spiel bringen muss, und die Kinder somit nur noch eine gerade Anzahl von Bonbons in der Hand halten. Im nächsten Schritt müssen wir zeigen, dass sich die jeweiligen Mengen der Gummibonbons in den Kinderhänden im weiteren Verlauf angleichen.

Es gibt ein nettes Maß für die (inverse) „Fairness" einer Verteilung zu einer festen Gesamtzahl von Teilen, nämlich die Summe der Quadrate der Anzahl von Bonbons, die jedes Kind in der Hand hält. Diese Summe ist umso kleiner, je gleichverteilter die Bonbons sind. Wir definieren $S = G_1^2 + G_2^2 + \cdots + G_n^2$, wobei G_i die Anzahl der Gummibonbons in der Hand des i-ten Kindes ist. Nachdem die Kinder die Bonbons ausgetauscht haben, gilt für die *Änderung* von S:

$$\left(\frac{1}{2}(G_n + G_1)\right)^2 + \left(\frac{1}{2}(G_1 + G_2)\right)^2 + \cdots + \left(\frac{1}{2}(G_{n-1} + G_n)\right)^2$$
$$- G_1^2 - G_2^2 - \cdots - G_n^2,$$
$$= -\frac{1}{2}\left((G_1 - G_N)^2 + (G_2 - G_1)^2 + \cdots (G_N - G_{N-1})^2\right).$$

Solange es *irgendein* Paar benachbarter Kinder mit einer unterschiedlichen Anzahl von Gummibonbons gibt, ist dies eine negative ganze Zahl (die G_i's sind alle gerade!). Also wird S bei jedem Schritt kleiner, bis alle Kinder dieselbe Anzahl von Bonbons haben. Da die positive Zahl S nicht beliebig oft um ganze Zahlen kleiner werden kann, sind wir fertig!

Leser mit guten Kenntnissen in der Wahrscheinlichkeitstheorie wird es vielleicht interessieren, dass sich das Problem der "Gleichverteilten Gummibonbons" in überraschender

Weise auf Markow-Ketten verallgemeinern lässt. Sei $M = \{p_{ij}\}$ die Übergangsmatrix einer ergodischen Markow-Kette mit endlich vielen Zuständen, wobei alle Einträge rational sein sollen. Angenommen, am Ende einer Runde besitzt Kind i gerade m_i Gummibonbons. Der Lehrer gibt nun nach folgender Regel Gummibonbons an die einzelnen Kinder aus: Jedes Kind soll n_i Gummibonbons haben, wobei n_i die kleinste ganze Zahl größer oder gleich m_i ist, sodass $p_{ij}n_i$ für alle j eine ganze Zahl ist. Im zweiten Schritt übergibt Kind i an Kind j genau $p_{ij}n_i$ Bonbons (für jedes Kinderpaar i und j).

Man kann nun beweisen, dass dieser Prozess nach einer endlichen Anzahl von Schritten zu keiner Veränderung mehr führt, und dann jedes Kind einen Anteil von Gummibonbons in der Hand hält, der proportional zu der stationären Verteilung $\{\pi_i\}$ der Markow-Kette ist. Diese Aufgabe stellte mein Kollege Laurie Snell um 1975 bei einem Mathematikseminar in Cambridge, und gelöst wurde sie von Richard Weber.

Weber definierte für seine Lösung zunächst einen Vektor $(M_1, \ldots, M_n)$ proportional zu $(\pi_1, \ldots, \pi_n)$ mit ganzzahligen Einträgen M_i, wobei für alle i gelten soll, dass M_i gleich oder größer ist als die Menge an Gummibonbons, die Kind i zu Beginn in der Hand hält. Da anfänglich $m_i \leq M_i$ für alle i, folgt auch $n_i \leq M_i$ für alle i, denn M_i hätte die Bedingung, nach der der Lehrer die Bonbons ausgibt, bereits erfüllt. Damit folgt $m_j' := \sum_i p_{ij}n_i \leq \sum_i p_{ij}M_i = M_j$, wobei m_j' die Anzahl der Bonbons ist, die Kind j nach der Runde besitzt. Durch Induktion lässt sich zeigen, dass Kind i niemals mehr als M_i Gummibonbons besitzt.

Man muss nun nur noch zeigen, dass sich die Verteilung während der Runden, in denen der Lehrer keine Bonbons ausgeben muss, der stationären Verteilung annähert. Doch das kann nicht beliebig so weiter gehen, da es nur eine endlich Anzahl von Möglichkeit gibt, wie die Gummibonbons unter den Kindern verteilt sind. Der Lehrer gibt also in gewissen Intervallen Gummibonbons in die Runde, bis die Summe aller Gummibonbons einen Wert $S \leq \sum_i M_i$ erreicht hat, und damit die stationäre Verteilung tatsächlich vorliegt.

Die neunundneunzigste Stelle

Diese Aufgabe stammt aus dem *Emissary* [3], Herbst 1999, und sie erscheint zunächst sehr schwierig. Selbst wenn Sie versuchten sollten, das Ergebnis ihrem Computer zu entlocken, bedarf es eines gewissen Aufwands (oder eines speziellen Programms), bis Sie die geforderte Information tatsächlich bekommen.

Stattdessen kann man sich überlegen, dass der Ausdruck

$$(1 + \sqrt{2})^{500} + (1 - \sqrt{2})^{500}$$

eine ganze Zahl ist, denn wenn man die beiden Terme ausmultipliziert, heben sich sämtliche ungeraden Potenzen von $\sqrt{2}$ gerade weg. Der zweite Term ist jedoch außerordentlich klein. Da $|1 - \sqrt{2}|$ kleiner ist als $\frac{1}{2}$, und $(\frac{1}{2})^5 < 0{,}1$ folgt, dass $(1 - \sqrt{2})^{500}$ weitaus kleiner ist als 10^{-100} (tatsächlich liegt der Wert bei rund $4 \cdot 10^{-192}$).

Also ist $(1 + \sqrt{2})^{500}$ nur um diesen winzigen Betrag kleiner als eine ganze Zahl, und somit besteht die Dezimaldarstellung dieser Zahl aus einer langen Folge von 9ern nach dem Dezimalkomma (genau genommen 191 von ihnen, gefolgt von 590591051...). Insbesondere ist die neunundneunzigste Stelle eine 9.

Das mag zunächst überraschen. Aus demselben Grund ist auch $(1 + \sqrt{2})^{502}$ kaum vorstellbar nahe an einer ganzen Zahl, und doch ist das Verhältnis dieser beiden riesigen Potenzen gleich $(1 + \sqrt{2})^2$, was sich leicht bestimmen lässt: $5{,}82842712\ldots$

Zunächst erscheint die Hinzufügung des Terms $(1 - \sqrt{2})^{500}$ willkürlich, doch solche Paare konjugierter Potenzen, von denen die eine sehr groß und die andere sehr klein ist, treten in der Mathematik häufiger auf. Die berühmte Formel von Binet

$$F_n = \frac{1}{\sqrt{5}} \left(\frac{1+\sqrt{5}}{2} \right)^n - \frac{1}{\sqrt{5}} \left(\frac{1-\sqrt{5}}{2} \right)^n$$

liefert genau die Fibonacci-Zahlen $1, 1, 2, 3, 5, 8, 13, 21, 34, \ldots$,
und doch ist der zweite Term so klein, dass man für jedes
$n \geq 0$ nur

$$\frac{1}{\sqrt{5}} \left(\frac{1+\sqrt{5}}{2} \right)^n$$

berechnen und den Wert zu nächsten ganzen Zahl runden
muss, um F_n exakt zu erhalten. Schon Euler kannte die Formel von Binet, und sie geht (mindestens) zurück auf de Moi-
vre (1667–1754).

Teilmengen mit Einschränkungen

Diese Aufgaben lassen sich alle auf die gleiche Weise ange-
hen. Die erste wurde von dem bekannten Rätselexperten Sol
Golomb (University of Southern Californa) beim Siebten
Gardner-Treffen vorgestellt, das zweite stammt von Prasad Te-
tali von der Georgia Tech und das dritte war eine naheliegende Verallgemeinerung.

Die Lösungsidee besteht darin, die Zahlen von 1 bis 30
in geeignete Zahlengruppen einzuteilen, sodass man aus jeder Gruppe nur eine Zahl für die gesuchte Teilmenge herausnehmen kann. Wenn man es also schafft, eine Teilmenge zu-
sammenzustellen, die aus genau einer Zahl aus jeder dieser
Gruppen besteht, hat man eine Teilmenge mit einer maximalen Anzahl von Elementen gefunden.

Im ersten Fall nehme man zunächst irgendeine Zahl k,
die keine Quadratzahl enthält (mit anderen Worten, in der
Primzahlzerlegung von k tritt jede Primzahl höchstens einmal
auf). Nun betrachte man die Menge S_k, die man erhält, wenn
man k mit allen möglichen Quadratzahlen multipliziert.

Wenn man zwei beliebige Zahlen aus S_k nimmt, beispielsweise kx^2 und ky^2, dann ist ihr Produkt $k^2x^2y^2 = (kxy)^2$ eine Quadratzahl, und somit können nicht beide Zahlen zu der gesuchten Teilmenge gehören. Wenn man andererseits zwei Zahlen aus *verschiedenen* S_k's nimmt, kann ihr Produkt keine Quadratzahl sein, da zumindest eines der k's einen Primfaktor enthält, der nicht in der anderen Zahl enthalten ist, und daher tritt dieser Faktor in dem Produkt mit einer ungeraden Potenz auf.

Offensichtlich befindet sich *jede* Zahl in genau einer dieser Mengen S_k, denn sei n gegeben, dann erhält man das zugehörige k, für das $n \in S_k$, indem man das Produkt aller Primzahlen bildet (jeweils zur ersten Potenz), die in der Primzahlzerlegung von n mit einer ungeraden Potenz auftreten. Zwischen 1 und 30 kommen für k nur die folgenden Zahlen in Frage: 1, 2, 3, 5, 7, 11, 13, 17, 19, 23, 29, $2 \cdot 3$, $2 \cdot 5$, $2 \cdot 7$, $2 \cdot 11$, $2 \cdot 13$, $3 \cdot 5$, $3 \cdot 7$ und schließlich noch $2 \cdot 3 \cdot 5$; insgesamt also 19 Zahlen. Man kann jeweils k selbst als Stellvertreter aus der Menge S_k wählen und erhält somit eine 19-elementige Teilmenge der Zahlen 1 bis 30 mit den gesuchten Eigenschaften. Eine Teilmenge mit 19 Elementen ist also möglich und zugleich auch das beste, was man erreichen kann.

Bei der zweiten Aufgabe möchte man vermeiden, dass zwei Zahlen ohne Rest durcheinander teilbar sind. Wenn man für eine ungerade Zahl j die Menge $B_j = \{j, 2j, 4j, 8j, \ldots\}$ bildet, also j multipliziert mit allen Potenzen von 2, dann kann man aus dieser Menge B_j nur ein Element nehmen, denn für je zwei Elemente aus B_j ist die größere Zahl ohne Rest durch die kleinere teilbar. Wir wählen nun für die gesuchte Teilmenge die zweite Hälfte der Zahlen von 1 bis 30, also 16 bis 30. In dieser Menge befindet sich aus jeder Menge B_j genau ein Element, und außerdem lassen sich keine zwei Zahlen aus dieser Menge ohne Rest teilen, da ihre Verhältnisse immer kleiner als 2 sind. Man erhält auf diese Weise eine Menge mit

15 Zahlen, und das ist gleichzeitig eine optimale Teilmenge mit den gesuchten Eigenschaften.

Sucht man schließlich nach einer maximalen Teilmenge, deren Elemente alle paarweise prim zueinander sind, dann bildet man zunächst Zahlengruppen, die aus sämtlichen Vielfachen einer festen Primzahl p bestehen. Wählt man p selbst als Repräsentanten aus einer solchen Gruppe, erhält man als gesuchte Teilmenge alle Primzahlen unter 30 sowie die Zahl 1, insgesamt also eine Menge mit 11 Elementen.

Gleichschwere Brötchen

Dieses nette Rätsel stammt aus einem russischen Mathematikwettbewerb und findet sich in *The USSR Problem Book* [48].

Angenommen, die Gewichte der Brötchen wären nicht gleich. Falls sich die Gewichte alle als ganze Zahlen ausdrücken lassen (in irgendeiner Einheit), können wir folgendermaßen zu einem Widerspruch gelangen. Wir schneiden aus allen Brötchen dasselbe Gewicht heraus (das ändert weder die Gleichgewichtsbedingungen noch die Schlussfolgerung), sodass das leichteste Brötchen nun das Gewicht 0 hat. Nun halbieren wir die Gewichte der anderen Brötchen bis sich ein Brötchen mit ungeradem Gewicht ergibt (auch diese Operation ändert nichts an den wesentlichen Eigenschaften, da sie gleichbedeutend mit einer Verdopplung der Einheit ist). Wenn wir das Brötchen mit ungeradem Gewicht herausnehmen, muss die Summe der Gewichte der anderen Brötchen eine gerade Zahl sein, da man sie in zwei gleich schwere Mengen aufteilen kann. Das Gleiche muss auch gelten, wenn wir das gewichtslose Brötchen herausnehmen, und das ist nicht möglich.

Diese Begründung bleibt gültig, wenn es sich bei den Gewichten um rationale Zahlen handelt, da man in diesem Fall nur die Einheiten ändern muss, um ganzzahlige Gewichte zu erhalten. Doch wie argumentiert man, wenn die Gewichte irrational sind? Man könnte zunächst auf die Idee kommen, jedes Gewicht durch eine rationale Zahl zu approximieren und dann wie oben vorzugehen, doch das vorherige Argument hängt entscheidend von den Eigenschaften ganzer Zahlen ab und scheint nicht durchzugehen, wenn wir es nur näherungsweise anwenden wollen.

Für den irrationalen Fall müssen wir offenbar etwas größere Geschütze auffahren. Wir betrachten die Menge der reellen Zahlen $\mathbb{R}$ als einen Vektorraum über den rationalen Zahlen $\mathbb{Q}$. Mit anderen Worten, wir denken uns jede reelle Zahl als eine Summe von verschiedenen Zahlen mit jeweils rationalen Koeffizienten. Sei nun V der (endlich dimensionale) Unterraum, der von den Gewichten der Brötchen erzeugt wird. Es sei r ein irrationales Element einer Basis von V, und es sei q_i der rationale Koeffizient von r, wenn man das Gewicht des i-ten Brötchens in dieser Basis ausdrückt. Nun können wir mit demselben Argument, das wir beim rationalen Fall angewandt haben, zeigen, dass alle q_i's 0 sein müssen. Damit erhalten wir einen Widerspruch, denn in diesem Fall wäre r kein Element von V.

Man sollte an dieser Stelle betonen, dass die Gleichgewichtsforderung für jeweils sechs Brötchen wesentlich ist. Falls es nur eine Aufteilung von je zwölf Brötchen in zwei Teilmengen geben müsste, die gleich schwer sind, würde auch eine Menge mit 7 Brötchen von jeweils 50 Gramm und 6 Brötchen von jeweils 70 Gramm den Bedingungen genügen! Der Beweis ist an der Stelle falsch, an der wir die Gewichte um denselben Betrag verringert und dabei gefordert haben, dass sich die Gleichgewichtsbedingung nicht ändert. Das setzt aber voraus, dass sich auf jeder Seite der Waage gleich viele Brötchen befinden.

Ein Rätsel wird 100

Dieses vergleichsweise ernsthafte Problem stammt aus dem *Emissary* [3] vom Herbst 2004. Es geht jedoch zurück auf einen Artikel des großen englischen Mathematikers Godfrey H. Hardy mit dem Titel „On Certain Oscillating Series" [35] aus dem Jahre 1907. Hardy erhält zwar die richtige Antwort, merkt aber an, dass es keinen wirklich elementaren Beweis zu geben scheint. Glücklicherweise hatten die Mathematiker in den folgenden 100 Jahren die Gelegenheit, diese Bemerkung zu revidieren.

Natürlich hatte Hardy noch keinen Computer. Hätte er versucht, von Hand die Funktion $f(x)$ für verschiedene Werte von x in der Nähe von 1 zu berechnen, wäre er vielleicht zu einer falschen Schlussfolgerung gelangt: Die Funktion *scheint* gegen $\frac{1}{2}$ zu konvergieren, doch der Schein trügt, und in diesem Fall existiert kein Grenzwert.

Der folgende schöne Beweis stammt von der Webseite von Noam Elkies, einem Komponisten und Mathematiker von Harvard.[1] Wir nehmen an, $f(x)$ hätte einen Grenzwert, wenn sich x von unten der 1 nähert.[2] Da $f(x) = x - f(x^2)$, muss dieser Grenzwert gleich $\frac{1}{2}$ sein. Doch f erfüllt auch die Gleichung $f(x) = x - x^2 + f(x^4)$, und das bedeutet, dass für jedes $c < 1$ die Folge $f(c), f(c^{1/4}), f(c^{1/16}), \ldots$ streng monoton ansteigt (man beachte, dass für $x < 1$ auch immer gilt $x > x^2$). Damit folgt, dass es keinen Grenzwert geben kann, falls es ein $c < 1$ gibt, sodass $f(c) \geq \frac{1}{2}$ ist. Tatsächlich ist beispielsweise $f(0{,}995) = 0{,}50088\ldots$

---

[1] http://www.math.harvard.edu/ elkies/Misc/index.html, Problem 8.

[2] Hardy sagte einmal: „*Reductio ad absurdum*, die Euklid so sehr mochte, ist eine der schärfsten Waffen der Mathematiker. Es ist ein viel exquisiteres Gambit als jedes Gambit im Schach: ein Schachspieler bietet vielleicht ein Bauernopfer oder sogar das Opfer einer Figur an, aber ein Mathematiker bietet das Spiel an."

Eine genauere Untersuchung ergibt, dass die Funktion
$f(x)$ immer rascher innerhalb eines Intervalls mit der unge-
fähren Breite 0,0055 um den Wert $\frac{1}{2}$ oszilliert. Eine launische
Funktion! Die Funktion $g(x) = 1 - x + x^2 - x^3 + x^4 - \cdots$ ist
ebenfalls für alle positiven $x < 1$ definiert und hat bei $x = 1$
das gleiche Problem wie f. Doch in diesem Fall gilt $g(x) =$
$1/(x + 1)$, wie man sich leicht überzeugen kann, indem man
$xg(x)$ zu $g(x)$ addiert. In diesem Fall nähert sich die Funktion
also für $x \to 1$ artig dem Wert $\frac{1}{2}$.

Zwei Blinker (fast) im Takt

Diese erstaunliche Tatsache wurde (in einem anderen Zusammenhang) von Lord Rayleigh beobachtet (vermutlich seither von vielen anderen nach ihm und vielleicht sogar von
einigen vor ihm). Sie ist sehr nützlich und wird in einem
späteren Kapitel nochmals eine Rolle spielen. Eine informative moderne Referenz ist *Mathematical Time Exposures* von
I. J. Schoenberg [49]. Das Rätsel tauchte als Problem 3117 in
einem Artikel von Samuel Beatty (1881–1970) in *The American Mathematical Monthly* 34 (1927), S. 158–159 auf, ebenso beim 20. Putnam-Mathematikwettbewerb vom 21. Novem-
ber 1959. Siehe auch [30, 15].

Für den Beweis nehmen wir zunächst an, dass der ers-
te Blinker immer zu den Zeitpunkten pt, $t = 0, 1, \ldots$ blinkt
und der zweite zu den Zeitpunkten qt. Die Frequenz des ersten Blinkers ist dann $1/p$ (Blitze pro Minute), die des zweiten $1/q$, und die Forderung, dass beide zusammen im Mittel
einen Blitz pro Minute abgeben, bedeutet $1/p + 1/q = 1$.

Die Aussage, dass der m-te Blitz des ersten Blinkers innerhalb des ganzzahligen Zeitintervalls $[t, t + 1]$ erfolgt, ist äquivalent zu der Aussage, dass $\lfloor pm \rfloor = t$, wobei $\lfloor x \rfloor$ die größte ganze Zahl kleiner oder gleich x bezeichnet. Wir wollen
beweisen, dass sich jede ganze Zahl eindeutig entweder als
$\lfloor pm \rfloor$ (für eine ganze Zahl m) oder als $\lfloor qn \rfloor$ (für eine ganze

Zahl n) schreiben lässt, aber auf keinen Fall auf beide Weisen.

Zunächst zeigen wir, dass es nicht auf beide Weisen geht, d. h., dass nicht zwei Blitze in das Intervall $[t, t + 1]$ (t ganzzahlig) fallen können. Wäre das möglich, müsste es geeignete ganze Zahlen n und m geben, sodass $pm = t + \delta$ und $qn = t + \varepsilon$, wobei δ und ε positive Zahlen kleiner als 1 sind. Wir teilen die erste Gleichung durch p und die zweite durch q und addieren die Ergebnisse:

$$m + n = \left(\frac{1}{p} + \frac{1}{q}\right) t + \frac{1}{p}\delta + \frac{1}{q}\varepsilon.$$

Der Koeffizient vor t ist gerade 1, und der Term auf der rechten Seite ist ein gewichteter Mittelwert von δ und ε und somit eine positive Größe kleiner als 1. Solch eine Größe lässt sich aber nicht als Differenz von zwei ganzen Zahlen ausdrücken, also haben wir einen Widerspruch.

Zum Beweis, dass tatsächlich *ein* Blitz in jedes Intervall fällt, genügt es zu zeigen, dass insgesamt genau $t - 1$ Blitze nach der Startzeit 0 und vor dem Zeitpunkt t stattfinden, denn zwischen den Zeitpunkten 0 und 1 gibt es keinen Blitz, und wir haben gerade gezeigt, dass es in jedem Intervall höchsten einen Blitz geben kann. Das ist jedoch leicht, denn der erste Blinker blitzt $\lfloor t/p \rfloor$ Male in diesem Zeitraum, und der zweite Blinker $\lfloor t/q \rfloor$ Male. Da $t/p + t/q = t$, und weder t/p noch t/q eine ganze Zahl ist, folgt $\lfloor t/p \rfloor + \lfloor t/q \rfloor = t - 1$.

Rote und blaue Würfel

Dieses herrliche Rätsel erhielt ich von David Kempe von der University of Southern California. Er benötigte das Ergebnis für einen Artikel in den Computerwissenschaften. Es zeigte sich dann, dass einige ähnliche Ergebnisse schon in einer früheren Veröffentlichung von den bekannten Mathematikern Persi Diaconis, Ron Graham und Bern Sturmfels enthalten waren.

Man könnte zunächst versuchen, sämtliche Möglichkeiten zu überprüfen. Durch die Wahl verschiedener Teilmengen von roten und blauen Würfeln erhält man natürlich sehr viele Summen, sodass es sicher einen großen Überlapp gibt. Doch irgendwie kommt man so nicht weiter. Ist beispielsweise $n = 6$, und Sie würfeln mit den roten Würfeln nur Dreier und mit den blauen nur Vierer, dann gibt es für jede Farbe nur sechs verschiedene mögliche Summen, und es scheint zunächst wie ein Zufall, dass tatsächlich zwei dieser Summen (eine von jeder Farbe) gleich sind: vier rote Dreier und drei blaue Vierer.

Eine andere Möglichkeit wäre ein Induktionsbeweis über n, doch auch das scheint nicht zum Ziel zu führen. Würden Sie mit jeder Würfelfarbe höchstens ein „n" würfeln, könnte man von jeder Menge einen Würfel wegnehmen und das Problem auf den Fall $n - 1$ zurückführen. Doch wenn sie viele n-s würfeln, gibt es ein Problem.

Wie soll man vorgehen? Paradoxerweise ist es manchmal sinnvoll, ein Problem schwieriger zu machen. Tatsächlich gibt es eine *wesentlich* stärkere Aussage, als die zu beweisende, die trotzdem wahr bleibt. Man lege die roten Würfel in beliebiger Zahlenfolge in eine Reihe und mache das Gleiche mit den blauen Würfeln. Die Aussage lautet nun: Innerhalb jeder der beiden Reihen gibt es einen *nichtleeren Abschnitt*, sodass die Augensummen der beiden Abschnitt gleich sind.

Wir drücken diese Behauptung zunächst etwas mathematischer aus: Gegeben seien zwei Vektoren $\langle a_1, a_2, \ldots, a_n \rangle$ und $\langle b_1, b_2, \ldots, b_n \rangle$ mit Komponenten in $\{1, \ldots, n\}$, dann gibt es $j \leq k$ und $s \leq t$, sodass gilt $\sum_{i=j}^{k} a_i = \sum_{i=s}^{t} b_i$.

Zum Beweis definieren wir zunächst α_m als die Summe der ersten m a_i's und entsprechend β_m als die Summe der ersten m b_i's. Angenommen $\alpha_n \geq \beta_n$ (andernfalls vertauschen wir die Rollen von a's und b's), und für jedes m sei m' der größte Index, für den $\beta_{m'} \leq \alpha_m$.

Zur Veranschaulichung können Sie die a_i's von links nach rechts aufschreiben und entsprechend die b_i's darunter. Von jedem a_m ziehen Sie eine Linie zu dem am weitesten rechts stehenden b_ℓ, für das die Summe der b_i's bis einschließlich b_ℓ kleiner oder gleich der Summe der a_i's bis einschließlich a_m ist. Abbildung 3.1 zeigt zwei Beispielfolgen für $n = 6$ mit den zugehörigen Verbindungslinien, außerdem wurde jeweils die Differenz $\alpha_m - \beta_{m'}$ an die Verbindungslinien geschrieben.

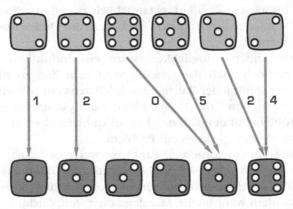

Abb. 3.1 Zwei Reihen von sechs Würfeln mit den Verbindungslinien zu den passenden Partialsummen.

In allen Fällen ist $\alpha_m - \beta_{m'} \geq 0$, und die Differenz ist höchstens $n - 1$. (Wäre die Differenz gleich n oder größer, hätte m' größer gewählt werden müssen.) Wenn irgendeine dieser Differenzen $\alpha_m - \beta_{m'}$ gleich 0 ist, sind wir fertig. In diesem Fall sind $j = s = 1$, $k = m$ und $t = m'$. Wenn keine der Differenzen $\alpha_m - \beta_{m'}$ gleich 0 ist, dann müssen die n Werte von $\alpha_m - \beta_{m'}$ alle in der Menge $\{1, 2, \ldots, n - 1\}$ liegen, d. h., mindestens zwei der Differenzen müssen denselben Wert haben.

Angenommen diese beiden seien $\alpha_p - \beta_{p'}$ und $\alpha_q - \beta_{q'}$. In diesem Fall muss jedoch gelten $\sum_{i=p+1}^{q} a_i = \sum_{i=p'+1}^{q'} b_i$, was den Beweis abschließt.

Ich gebe zu, das war etwas trickreich.

In der Abbildung gibt es nur ein Paar von übereinstimmenden Differenzen (beide gleich 2), nämlich für $p = 2$ und $q = 5$. In diesem Fall ist $p' = 2$ und $q' = 6$, und die in ihrer Summe übereinstimmenden Teilfolgen sind $a_3 + a_4 + a_5 = 6 + 5 + 3 = 3 + 2 + 3 + 6 = b_3 + b_4 + b_5 + b_6$.

4 Die Abenteuer der Ameise Alice

*Gehe zur Ameise, du Fauler, betrachte ihr Verhalten
und werde weise!*

Das Buch der Sprichwörter 6,6

Selbst in einer eindimensionalen Umgebung sind Ameisen
immer wieder eine Quelle der Faszination für Amateurknob-
ler und Mathematiker. Es folgen zehn Rätsel (erstellt vom Au-

Abb. 4.1 Ameise Alice höchst persönlich.

tor, sofern nicht anders angegeben) mit unserer „Lieblings-
ameise" Alice (siehe Abb. 4.1). Jedes Rätsel verdeutlicht eine
mathematische Idee.

Wir beginnen mit dem klassischen „Ameisenrätsel".

Alice auf dem Meterstab

Fünfundzwanzig Ameisen befinden sich zufällig verteilt auf
einem Stab von einem Meter Länge. Die dreizehnte Ameise
vom westlichen Ende des Stabes aus gezählt ist unsere Freundin Alice. Jede Ameise blickt gleichwahrscheinlich entweder
nach Westen oder Osten. Zum Zeitpunkt 0 beginnen alle mit
einer Geschwindigkeit von 1 cm/s nach vorne (also jeweils in
Blickrichtung) zu laufen. Wenn zwei Ameisen zusammensto-
ßen, drehen beide ihre Laufrichtung um. Kommt eine Ameise
ans Stabende, fällt sie herunter. Wie lange dauert es, bis Alice
sich mit Sicherheit nicht mehr auf dem Stab befindet?

Alice auf dem Kreis

Diesmal ist Alice eine von 24 Ameisen, die zufällig auf einer kreisförmigen Bahn von 1 Meter Länge verteilt sind. Jede Ameise blickt zufällig entweder in Uhrzeigerrichtung oder
entgegen der Uhrzeigerrichtung und beginnt mit 1 cm/s zu
laufen. Wie schon zuvor drehen bei einem Zusammenstoß
beide Ameisen ihre Laufrichtung um. Mit welcher Wahrscheinlichkeit befindet sich Alice nach 100 Sekunden genau
an derselben Stelle, von der aus sie gestartet ist?

Welches Ende?

Es befinden sich wieder 25 Ameisen auf dem Meterstab und
Alice ist die mittlere Ameise. Mit welcher Wahrscheinlichkeit

fällt Alice schließlich an dem Ende des Stabes herunter, in
dessen Richtung sie ursprünglich geblickt hat?

Die Letzte

Mit welcher Wahrscheinlichkeit ist Alice die letzte Ameise, die
vom Stab fällt?

Die Anzahl aller Zusammenstöße

Wie viele Zusammenstöße gibt es im Durchschnitt, bis alle
Ameisen vom Stab gefallen sind?

Alices Zusammenstöße

Wie viele Zusammenstöße hat Alice im Durchschnitt?

Alices Versicherungsbeitrag

Mit welcher Wahrscheinlichkeit hat Alice mehr Zusammenstöße als irgendeine andere Ameise?

Ansteckungsgefahr

Angenommen, Alice hat eine hochansteckende Erkältung, die
sich bei einem Zusammenstoß sofort auf die andere Ameise
überträgt. Wie viele Ameisen werden im Durchschnitt erkäl-
tet sein, bis alle Ameisen vom Stab gefallen sind?

Alice im Mittelpunkt

Nun ändern wir das Experiment etwas ab. Alice startet exakt in der Mitte des Meterstabs, und zwölf Ameisen befin-

den sich links von ihr (zufällig verteilt) und zwölf rechts von
ihr. Wie zuvor blickt jede Ameise mit gleicher Wahrscheinlichkeit in Richtung Westen oder Osten, und sie laufen mit
einer Geschwindigkeit von 1 cm/s in ihre Blickrichtung. Bei
einem Zusammenstoß drehen sie ihre Blick- und Laufrichtung um. Dieses Mal fallen die Ameisen jedoch nicht von dem
Stab herunter, wenn sie das Ende erreichen, sondern sie kehren um. Nach genau 100 Sekunden bleiben die Ameisen an
ihrem Platz stehen. Was ist der maximale Abstand, den Alice
von ihrer Ausgangsposition erreicht haben kann?

Wo ist Alice?

Diesmal befinden sich nur 24 Ameisen auf dem Meterstab;
12 davon auf der westlichen Hälfte mit Blick nach Osten und
die anderen 12 auf der östlichen Hälfte mit Blick nach Westen. Alice ist die fünfte Ameise vom westlichen Ende aus gezählt. Sie beginnen ihren üblichen Marsch, drehen sich bei
einem Zusammenstoß um und fallen am Ende herunter. Was
muss man über die anfängliche Verteilung wissen um vorher-
sagen zu können, wo sich Alice nach 63 Sekunden befinden
wird?

Lösungen und Kommentare

Alice auf dem Meterstab

Soweit ich weiß, erschien dieses wunderbare Rätsel zunächst
auf der Webseite „Math Fun Facts" von Francis Su vom Harvey
Mudd College. Francis erinnert sich, das Rätsel in Europa von
einer Person namens Felix Vardy gehört zu haben, über die
sie aber ansonsten nichts weiß. Das Rätsel erschien später in
der Frühjahr/Herbst-Ausgabe des *Emissary* von 2003.

Dan Amir, ein früherer Rektor der Universität von Tel Aviv, entdeckte das Rätsel im *Emissary* und stellte die Aufgabe dem Mathematiker Noga Alon von Tel Aviv, der es dann ans Institute for Advance Study brachte. Ich hörte erstmals Ende 2003 von diesem Rätsel von Avi Wigderson vom IAS.

Die Schlüsselidee für dieses Rätsel (und die weiteren) liegt in folgender Beobachtung: Wenn die Ameisen ununterscheidbar wären, würde es keinen Unterschied machen, wenn die Ameisen einfach aneinander vorbeiliefen, anstatt bei Zusammenstößen ihre Laufrichtung zu ändern. In diesem Fall würde jede Ameise einfach geradeaus laufen und innerhalb von 100 Sekunden vom Stab fallen. Da alle Ameisen nach 100 Sekunden heruntergefallen sind, gilt dies insbesondere auch für Alice.

Will man die Ameisen nicht ihrer Identität berauben (und den Prozess abändern), kann man ihnen in Gedanken auch eine Fahne mitgeben. Wenn sich zwei Ameisen treffen, tauschen sie ihre Fahnen aus. Zu jedem Zeitpunkt trägt jede Ameise *irgendeine* Fahne, und die Fahnen bewegen sich einfach geradeaus den Stab entlang. Wenn alle Fahnen vom Stab heruntergefallen sind, müssen auch alle Ameisen heruntergefallen sein.

Wenn eine Ameise am westlichen Stabende nach Osten blickt, kann man die anderen Ameisen so verteilen, dass Alice die Fahne dieser Ameise 100 Sekunden später über das Stabende trägt. In diesem Fall muss man also 100 Sekunden warten, dann allerdings ist der Stab wirklich leer.

Alice auf dem Kreis

Wie vorher nehmen wir wieder an, dass jede Ameise eine Fahne trägt und die Fahnen bei einem Zusammenstoß ausgetauscht werden. Jede Fahne reist in der angegebenen Zeit genau einmal um den Kreis und ist nach 100 Sekunden wieder am Ausgangspunkt. Die Ameisen selbst halten ihre zyklische Ordnung, mit der sie begonnen haben, bei. Daher können sie sich höchstens gemeinsam um einen bestimmten Winkel gedreht haben. Jede Ameise muss sich dabei um dieselbe Anzahl von Positionen weiterbewegt haben. Insbesondere kehrt Alice nur dann an ihre Ausgangsposition zurück, wenn auch alle anderen Ameisen wieder dort angelangt sind.

Wenn sich zu Beginn m Ameisen in Uhrzeigerrichtung bewegt haben, dann bewegen sich auch zu jedem anderen Zeitpunkt m Ameisen im Uhrzeigersinn, und entsprechend $24 - m$ Ameisen entgegen dem Uhrzeigersinn, denn bei jedem Zusammenstoß vertauschen zwei Ameisen (eine mit einer Bewegungsrichtung im Uhrzeigersinn und eine entgegen dem Uhrzeigersinn) lediglich ihre Rollen. Man kann sich das wie eine Art Drehimpulserhaltung vorstellen. Also bewegt sich eine Ameise während des gesamten Experiments im Durchschnitt um $100(2m - 24)/24$ Zentimeter im Uhrzeigersinn. Sie ist daher genau dann wieder an ihrer Ausgangsposition, wenn $2m - 24$ ein Vielfaches von 24 ist. Das ist der Fall für $m = 0$, 24 oder 12.

Die ersten beiden Möglichkeiten (bei denen alle Ameisen anfänglich in dieselbe Richtung blicken) haben eine vernachlässigbare Wahrscheinlichkeit, doch der letzte Fall liefert immerhin einen Beitrag von 16,1180258%.

Genaugenommen gibt es $2^{24} = 16\,777\,216$ Möglichkeiten für die anfänglichen Blickrichtungen der Ameisen. Unter diesen bringen $\binom{24}{0} + \binom{24}{12} + \binom{24}{24} = 1 + 1 + 2\,704\,156$ Möglichkeiten Alice wieder an ihren Ausgangspunkt zurück. Damit erhalten wir für dieses Ereignis eine Gesamtwahrscheinlichkeit von $2\,704\,158/16\,777\,216 \sim 0{,}161180377$.

Welches Ende?

Die Anzahl der Ameisen, die am östlichen Stabende herunterfallen, ist gleich der Anzahl von Ameisen, die zu Beginn in

Richtung Osten blicken, da sich die Anzahl der in Richtung Osten laufenden Ameisen nicht ändert. (Man kann auch an die Anzahl der Fahnen denken, die am Ostende vom Stab fallen.) Wenn insgesamt k Ameisen am östlichen Ende herunterfallen, dann sind es genau die k Ameisen, die zu Beginn dem Ostende am nächsten sind, da sich die Reihenfolge der Ameisen auf dem Stab nicht ändert.

Aus Symmetriegründen können wir annehmen, dass Alice zu Beginn nach Osten blickt, und wir wissen, dass sie am Ostende des Stabes herunterfallen wird, wenn zu Beginn mindestens 13 der Ameisen nach Osten blicken. Das bedeutet, 12 oder mehr der *anderen* 24 Ameisen sind nach Osten ausgerichtet. Natürlich ist die Wahrscheinlichkeit, dass 13 oder mehr der 24 Ameisen nach Osten blicken, gleich der Wahrscheinlichkeit, dass 11 oder weniger Ameisen nach Osten blicken, und daher ist die gesuchte Wahrscheinlichkeit gleich ein halb plus ein halb mal die Wahrscheinlichkeit, dass genau 12 der 24 Ameisen nach Osten blicken. Diese Wahrscheinlichkeit ist aber 0,161180258, und damit erhalten wir als Antwort 0,580590129..., also etwas mehr als 58%.

Die Letzte

Wiederum dürfen wir aus Symmetriegründen annehmen, dass Alice am östlichen Stabende herunterfällt, und das bedeutet, dass die 12 Ameisen östlich von ihr am selben Ende herunterfallen. Da sie als Letzte herunterfallen soll, müssen die 12 Ameisen westlich von ihr am Westende herunterfallen. Also müssen zu Beginn genau 12 Fahnen und somit insgesamt 12 Ameisen in westlicher Richtung loslaufen. Das geschieht mit einer Wahrscheinlichkeit von $\binom{25}{12}/2^{24}$ oder rund 31%.

Trotzdem ist damit noch nicht sichergestellt, dass Alice tatsächlich die letzte ist, die den Stab verlässt. In rund der Hälfte der Fälle kann ihr westlicher Nachbar diese Ehre haben. Die gesuchte Wahrscheinlichkeit wäre somit in der Nähe von 15,5%.

Doch weshalb sollen wir uns mit einem Näherungswert zufrieden geben, wenn es eine exakte Antwort gibt? Die Zeit, die jede Fahne (bevor sie auf den Stab gesetzt wird) im Durchschnitt auf dem Stab verbringt, ist unabhängig und gleichförmig zufällig verteilt auf das Intervall zwischen 0 und 100 Sekunden. Daher ist die Wahrscheinlichkeit, dass die am längsten auf dem Stab verbleibende Fahne eine der 13 nach Osten gerichteten Fahnen ist, gleich 13/25. Die richtige Antwort lautet somit $13/25 \cdot \binom{25}{12}/2^{24}$, was gleich dem mittlerweile vertrauten Wert $\binom{24}{12}/2^{24}$ ist oder rund 16,1180258%.

Die Anzahl aller Zusammenstöße

Jede Fahne kreuzt alle Fahnen in ihrer Blickrichtung, die ihr entgegenkommen. Für die Durchschnittsfahne, die in der Mitte des Stabes startet, sind das 6 der 12 Fahnen vor ihr. Die Durchschnittsfahne trifft somit auf sechs andere Fahnen, und daher gibt es im Mittel $25 \cdot 6 = 150$ „Treffer". Da jedoch dabei jeder Zusammenstoß doppelt gezählt wurde, lautet die richtige Antwort 75.

Ein etwas strengerer Weg zu dieser Antwort geht von folgender Frage aus: Wie groß ist die Wahrscheinlichkeit, dass zwei Fahnen aufeinandertreffen? Unabhängig von ihrem Startpunkt kreuzen sich zwei Fahnen, wenn ihre Bewegungsrichtungen zueinander zeigen, also mit einer Wahrscheinlichkeit von 1/4. Wegen der Linearität des Erwartungswerts folgt daraus für die mittlere Anzahl solcher Treffen gerade $\binom{25}{2} \cdot 1/4 = 25 \cdot 24/8 = 75$.

Es kommt zur maximalen Anzahl von Zusammenstößen, wenn alle Ameisen auf Alice (in der Mitte) zulaufen. In diesem Fall treffen alle 13 Fahnen, die sich in die gleiche Richtung wie Alice bewegen, auf alle 12 Fahnen, die sich in die andere Richtung bewegen; das ergibt insgesamt $12 \cdot 13 = 156$ Zusammenstöße.

Die geringste Anzahl möglicher Zusammenstöße ist natürlich null, doch das geschieht nur mit einer Wahrscheinlichkeit von $26/2^{25} \sim 0,000000774860382$.

Alices Zusammenstöße

Man kann leicht die Anzahl der Zusammenstöße von Alices *Fahne* bestimmen. Wenn Alice beispielsweise anfänglich nach Osten blickt, gibt es im Mittel 6 (von 12) Fahnen vor Alice, die nach Westen losmarschieren, d. h., ihre Fahne begegnet durchschnittlich sechs anderen Fahnen.

Doch Alice trägt nicht immer ihre ursprüngliche Fahne, und tatsächlich würden wir erwarten, dass Alice durchschnittlich wesentlich mehr als sechs Zusammenstöße haben wird. Weshalb? Weil die *durchschnittliche* Ameise im Mittel sechs Zusammenstöße hat ($75 \cdot 2/25$), und Alice als die mittlere Ameise mehr als der Durchschnitt haben sollte.

Eine Ameise stößt nur mit ihren beiden Nachbarameisen zusammen, und zwar abwechselnd (da sich ihre Richtung bei einem Stoß immer umkehrt). Der *letzte* Zusammenstoß einer Ameise erfolgt mit ihrem westlichen Nachbarn, wenn Sie am östlichen Ende herabfällt, andernfalls mit ihrem östlichen Nachbarn.

Angenommen, k Ameisen blicken anfänglich nach Westen. Da ihre Fahnen in westlicher Richtung davonwandern, verlassen die k westlichsten Ameisen am Westende den Stab. Jede dieser Ameisen, die anfänglich nach Westen ausgerichtet ist, hat somit auf beiden Seiten gleich viele Zusammenstöße; Ameisen, die nach Osten blicken, haben auf ihrer Ostseite einen Zusammenstoß mehr. Die Anzahl der Zusammenstöße zwischen Ameise j (von Westen aus gezählt) und Ameise $j + 1$ ist, solange $j \leq k$, gleich der Anzahl der nach Osten blickenden Ameisen zwischen Ameise 1 und j.

Aus Symmetriegründen dürfen wir wieder annehmen, dass k zwischen 13 und 25 liegt (d. h., Alice selbst fällt am Westende des Stabs herunter). Dann ist die Anzahl der Zusammenstöße zwischen Alice und ihrem westlichen Nachbarn gleich der Anzahl der nach Osten blickenden Ameisen westlich von Alice. Diese Anzahl nennen wir x. Die Gesamtzahl der Zusammenstöße von Alice wäre in diesem Fall $2x$ oder $2x + 1$, je nachdem, ob sie selbst nach Westen startet oder nach Osten.

Allgemein wäre der Erwartungswert $E[x]$ von x gleich 6, da es westlich von Alice 12 Ameisen gibt, die anfänglich in jede der beiden Richtungen blicken können. Doch wir haben angenommen, dass mehr als die Hälfte der Ameisen nach Westen ausgerichtet sind. Da der Erwartungswert der nach Osten ausgerichteten Ameisen *östlich* von Alice ebenfalls $E[x]$ ist, ist die gesuchte Zahl gerade gleich der Gesamtzahl der nach Osten blickenden Ameisen unter der Bedingung, dass sie in der Minderheit sind.

Angenommen, wir hätten den Ameisen willkürlich Richtungen entsprechend der alphabetischen Ordnung ihrer Namen zugewiesen, wobei Ameise Zelda die letzte sein soll. Es gibt insgesamt $2^{25}/2 = 2^{24}$ Möglichkeiten für diese Zuordnung, sodass die nach Westen blickenden Ameisen in der Überzahl sind. Darunter gibt es $\binom{24}{12}$ Möglichkeiten, bei denen unter den ersten 24 Ameisen genau 12 nach Westen blicken. In diesem Fall muss Zelda ebenfalls nach Westen orientiert sein; in allen anderen Fällen kann sie entweder nach Westen oder Osten ausgerichtet sein. Damit ist die Wahrscheinlichkeit, dass Zelda nach Osten blickt, gleich $1/2 - (1/2) \cdot \binom{24}{12}/2^{24} \sim 0{,}419409871$.

Da die Wahrscheinlichkeit, mit der Zelda nach Osten blickt, dieselbe Wahrscheinlichkeit ist, mit der das auch für alle anderen Ameisen gilt, ist die zu erwartende Anzahl von Ameisen, die nach Osten ausgerichtet sind, ungefähr

10,4852468. Und das ist gleichzeitig die zu erwartende Anzahl von Zusammenstößen von Alice.

Alices Versicherungsbeitrag

Angenommen, die k westlichsten Ameisen fallen am Westende des Stabs herunter, der Rest am Ostende. Wir bezeichnen mit c_i die Anzahl der Zusammenstöße zwischen Ameise i (von Westende aus gezählt) und Ameise $i + 1$. In der Lösung zur vorherigen Aufgabe haben wir gesehen, dass c_i (als Funktion von i) entweder gleich bleibt oder um 1 zunimmt bis zu $i = k$, anschließend bleibt c_i gleich oder nimmt um 1 ab. Insbesondere gilt $c_i = c_{i-1}$ genau dann, wenn Ameise i anfänglich zu dem Stabende blickt, an dem sie schließlich herunterfallen wird.

Die Anzahl der Zusammenstöße von Ameise i ist gerade $c_{i-1} + c_i$. Damit Alice die meisten Zusammenstöße hat, muss also gelten: $c_{11} + c_{12} < c_{12} + c_{13} > c_{13} + c_{14}$, oder $c_{11} < c_{13}$ und $c_{12} > c_{14}$. Das ist nur dann möglich, wenn $c_{11} < c_{12} = c_{13} > c_{14}$, wozu folgende Bedingungen erfüllt sein müssen: $k = 12$ oder $k = 13$, Alice blickt anfangs zu dem Ende, an dem sie herunterfallen wird, und ihre beiden Nachbarn blicken zu den Enden, an denen sie *nicht* herunterfallen werden. Das klingt zunächst nach einer Wahrscheinlichkeit

$$\left(\binom{25}{12} + \binom{25}{12} \right) / 2^{25} \cdot \left(\frac{1}{2} \right)^3 \sim 3,87452543\%,$$

doch die Ereignisse sind nicht ganz unabhängig.

Angenommen, Alice blickt nach Osten. Ihr östlicher Nachbar sei Ed, und ihr westlicher Nachbar sei Will. Dann wird Ed ebenso wie Alice am östlichen Ende herunterfallen und muss somit anfänglich nach Westen ausgerichtet gewesen sein (Wahrscheinlichkeit 1/2). Will ist eine der 12 Ameisen, die am Westenende herunterfallen und muss somit zunächst nach

Osten geschaut haben (Wahrscheinlichkeit 1/2). Die anderen 22 Ameisen müssen zur Hälfte nach Westen und zur Hälfte nach Osten geblickt haben (die Wahrscheinlichkeit dafür ist $\binom{22}{11}/2^{22}$, sodass die richtige Antwort lautet:

$$\left(\frac{1}{2}\right)^2 \cdot \binom{22}{11}/2^{22} \sim 4,20470238\%.$$

Ansteckungsgefahr

Wie so viele der Rätsel im Zusammenhang mit der Ameise Alice, handelt es sich hier um ein rein kombinatorisches Problem. Insbesondere hat die Lösung nichts mit der Stablänge zu tun, was zunächst erstaunen mag. Man könnte meinen, dass einige der Ameisen auf einem kürzeren Stab schneller herunterfallen und sich somit nicht anstecken, doch sobald sich eine Ameise einmal auf das Ende zubewegt, ohne dass ihr weitere Ameisen entgegenkommen, erleidet sie auch keine Zusammenstöße mehr.

Wiederum gelangt man vermutlich am schnellsten zu dem gewünschten Ergebnis, wenn man nicht an eine Übertragung der Erkältung zwischen den Ameisen denkt, sondern an eine Übertragung bei den Fahnen. Angenommen, Alice blickt anfangs nach Osten. Alle nach Westen ausgerichteten Fahnen vor ihr werden ihre Fahne irgendwann kreuzen und sich daher anstecken, wohingegen die nach Osten ausgerichteten Fahnen vor ihr erkältungsfrei den Stab verlassen. Außerdem kommen alle nach Westen ausgerichteten Fahnen vor ihr an ihr vorbei und stecken schließlich alle nach Osten ausgerichteten Fahnen *hinter* ihr an. Die nach Westen ausgerichteten Fahnen hinter ihr kommen wieder ungeschoren davon.

Im Durchschnitt befinden sich 6 nach Westen ausgerichtete Fahnen vor Alice und 6 nach Osten ausgerichtete Fahnen hinter ihr. Es scheinen also im Mittel 13 Fahnen eine Erkältung zu bekommen (einschließlich Alices Fahne) und somit auch 13 Ameisen.

Hier gibt es jedoch einen kleinen Haken: Gibt es *keine* nach Westen ausgerichteten Fahnen vor Alice, wird Alice auch keine Fahne kreuzen und somit wird auch keine der nach Osten ausgerichteten Fahnen hinter ihr angesteckt werden. Das geschieht mit der Wahrscheinlichkeit $1/2^{12}$ und verringert daher in diesem Fall die mittlere Anzahl von angesteckten Ameisen von 7 (Alice plus im Mittel 6 weitere nach Osten ausgerichtete Fahnen hinter ihr) auf 1 (nur Alice). Als richtige Antwort erhält man daher nicht durchschnittlich 13 Ameisen mit einer Erkältung, sondern nur $13 - 6/2^{12} \sim 12{,}9985352$.

Alice im Mittelpunkt

Stan Wagon erhielt dieses Rätsel ursprünglich von John Guilford von der Agilent Inc. Er machte es irgendwann im Herbst 2003 zum „Problem der Woche" am Macalester College.[1] Ich hörte von diesem Rätsel von Elwyn Berlekamp beim Joint Mathematics Meeting in Phoenix im Januar 2004. Bei diesem Treffen erhielt auch die Hauptdarstellerin dieses Kapitels ihren Namen. Abgesehen davon, dass Elwyn wohl eine Tante namens Alice hat (und im Englischen die Worte für Ameise „ant" und Tante „aunt" sehr ähnlich klingen), war für mich persönlich die Begegnung mit Alice Peters von A K Peters, Ltd. (dem amerikanischen Herausgeber dieses Buchs) von besonderer Bedeutung.

Wie bisher nehmen wir wieder an, dass jede Ameise eine Fahne trägt und diese Fahnen bei einem Zusammentreffen ausgetauscht werden. Jede Fahne bewegt sich um genau einen Meter, kehrt dabei am Ende des Stabs ihre Bewegungsrichtung um und endet somit an der Stelle, die man durch

---

[1] http://mathforum.org/wagon/fall03/p996.html.

eine Spiegelung der Ausgangsposition am Mittelpunkt des Stabs erhält. Insbesondere ist die Fahne von Alice schließlich wieder genau im Mittelpunkt. Doch wer trägt die Fahne?

Alice trägt sie! Die Ameisen verbleiben nämlich in ihrer ursprünglichen Reihenfolge. Die 12 Fahnen, die sich anfangs am westlichen Ende des Stabes befanden, sind nach der Wanderung am östlichen Ende und umgekehrt, also ist die Fahne von Alice wieder die 13. Fahne und Alice ist immer noch die 13. Ameise.

Alice ist also am Ende wieder genau da, wo sie gestartet ist. Mit anderen Worten: Der maximale Abstand von ihrem Ausgangspunkt ist null.

Wo ist Alice?

Hierbei handelt es sich um eine Variante eines Rätsels, das ursprünglich von Noga Alon und Oded Margalit von der Tel Aviv Universität stammt. Ich habe es von Noga.

Es seien $x_1, \ldots, x_{24}$ die anfänglichen Orte der Ameisen, durchnummeriert von West nach Ost. Die Orte sind in Zentimetern angegeben, gemessen jeweils vom westlichen Ende des Stabes aus. Wenn wir den Stab in beide Richtungen beliebig verlängern, sodass keine Ameise herunterfällt, dann haben sich die nach Osten ausgerichteten Fahnen – die an den Punkten $x_1, \ldots, x_{12}$ beginnen – bis zu den Punkten $x_1 + 63, \ldots, x_{12} + 63$ weiterbewegt. Die nach Westen ausgerichteten Fahnen sind bis zu den Orten $x_{13} - 63, \ldots, x_{24} - 63$ gelangt. Da $2 \cdot 63 > 100$ befinden sich diese letztgenannten Orte alle westlich von den erstgenannten.

Natürlich behalten die Ameisen ihre ursprüngliche Reihenfolge. Daher befindet sich Alice am Ende immer noch an der fünften Stelle von links gesehen, die nun am Ort $x_{17} - 63$ ist. Sollte diese Zahl negativ sein, ist Alice bereits vom Stab gefallen. In jedem Fall müssen wir nur x_{17} – die Anfangsposition der zwölften Ameise östlich von Alice – kennen.

Abb. 4.2 Ameise Alice winkt zum Abschied.

5 Zwei und drei Dimensionen

> *Schon seit langem erachten es die Mathematiker*
> *als unwürdig, sich mit Problemen zur elementaren*
> *Geometrie in zwei oder drei Dimensionen zu*
> *beschäftigen, obwohl gerade diese Art der*
> *Mathematik von besonderem praktischen Wert ist.*
>
> Branko Grünbaum und G. C. Shephard,
> „Handbook of Applicable Mathematics"

Die meisten von uns sind in der Schule im Rahmen der euklidischen ebenen Geometrie zum ersten Mal den Konzepten von Sätzen und Beweisen begegnet. Doch die Rätsel, um die es im Folgenden geht, haben nicht viel mit Euklids *Elementen* zu tun. Sie testen eher Ihre Vertrautheit mit der zwei- und dreidimensionalen Welt.

Münzen auf einem Tisch

Einhundert gleichartige Münzen sind so auf einem rechteckigen Tisch verteilt, dass keine weitere Münze mehr hinzugelegt werden kann, ohne dass es zu einem Überlapp kommt. (Eine Münze darf über die Tischkante hinausragen, sofern sich ihr Mittelpunkt noch auf dem Tisch befindet.)

Beweisen Sie, dass sie in einem zweiten Anlauf jeden Punkt des Tischs mit 400 dieser Münzen vollständig überdecken können! (Diesmal sind sowohl ein Überlappen der Münzen als auch ein Überhängen an der Tischkante erlaubt.)

Anmerkung: Es wird angenommen, dass es sich bei den Münzen um homogene, ideale Kreisscheiben mit einer gleichförmigen aber vernachlässigbaren Dicke handelt.

Vier Punkte, zwei Abstände

Geben Sie alle Möglichkeiten an, vier Punkte in einer Ebene so anzuordnen, dass zwischen Ihnen nur zwei verschiedene Abstände auftreten.

Die Gefangene und der Hund

Eine Frau wird auf einem großen Feld gefangen gehalten, das kreisförmig von einem Zaun umgeben ist. Außerhalb des Zauns befindet sich ein scharfer Wachhund, der viermal so schnell rennen kann wie die Frau, allerdings so abgerichtet wurde, dass er den Zaun nicht verlässt. Wenn die Frau es schafft, an einen unbewachten Punkt des Zauns zu gelangen, kann sie rasch hinüberklettern und fliehen. Aber schafft sie es, einen Punkt am Zaun vor dem Hund zu erreichen?

Tennisrätsel

Der Ball befindet sich im Aus, und doch kann kein Linienrichter den Ball beanstanden. Wo ist er gelandet?

Anmerkung: Bei großen Tennismeisterschaften ist jeder Linienrichter für genau eine Linie verantwortlich, bei der er oder sie beanstandet, wenn ein Ball diese Linie nicht mehr berührt und auf der falschen Seite landet. Leider gibt es einen offensichtlichen „Aus"-Schlag, der bei dieser Regelung nicht erkannt wird. Wo befindet sich der Ball?

Zweifache Überdeckung mit Geraden

Eine Menge enthalte sämtliche parallele Geraden in einer Ebene. Mit zwei solcher vollständiger Mengen paralleler Geraden kann man die Ebene so überdecken, dass jeder Punkt genau zu zwei Geraden gehört. Gibt es eine andere Möglichkeit einer solchen Überdeckung – d. h., jeder Punkt in der Ebene liegt genau auf zwei Geraden – jedoch mit einer Menge von Geraden, die in mehr als zwei verschiedene Richtungen zeigen?

Anmerkung: Man könnte beispielsweise an die Menge aller Geraden denken, die tangential zu einem festen Kreis sind. Für die Punkte außerhalb des Kreises sind alle Bedingungen erfüllt, doch die Punkte auf dem Kreisrand gehören jeweils nur zu einer Geraden und die Punkte innerhalb des Kreises zu gar keiner.

So langsam wird es Zeit, dass wir uns in den dreidimensionalen Raum begeben.

Kurve auf einer Kugeloberfläche

Beweisen Sie: Wenn die Länge einer geschlossenen Kurve auf der Oberfläche der Einheitskugel kürzer als 2π ist, dann liegt die Kurve auf einer Halbkugel.

Anmerkung: Man hat den Eindruck, dass dieser Satz einfach wahr sein *muss*, denn die Länge eines Großkreises (der Rand einer Halbkugel) ist gerade 2π. Doch wie beweist man das?

Laserkanone

Sie befinden sich in einem großen rechteckigen Raum mit
verspiegelten Wänden. An einem anderen Punkt in diesem
Raum befindet sich Ihr Feind und bedroht Sie mit einer La-
serkanone. Sie und Ihr Feind sind feste Punkte im Raum. Ihre
einzige Verteidigungsmöglichkeit besteht darin, dass Sie ihre
Leibwächter (ebenfalls Punkte) an geeigneten Orten in dem
Raum aufstellen dürfen, die dann die Laserstrahlen absorbie-
ren. Wie viele Leibwächter benötigen Sie, damit alle möglichen Schussrichtungen Ihres Feindes abgeblockt werden?

Anmerkung: „Unendlich viele" wäre eine zulässige Antwort,
falls sie richtig ist.

Wir beenden dieses Kapitel mit einem wunderbaren Problem, das sogar einen Bezug zum „richtigen Leben" hat. In
manchen Ländern hängt der Preis für die Versendung oder
Verschiffung eines quaderförmigen Pakets von der *Summe*
von Länge, Breite und Höhe des Pakets ab. Je größer diese
Summe, umso größer die Kosten. Kann man Geld sparen, indem man ein kleineres Paket (d. h., weniger Volumen) in ein
größeres Paket hineinsteckt, das aber billiger ist?

Paket im Paket

Die Kosten für ein quaderförmiges Paket seien durch die
Summe von Länge, Breite und Höhe bestimmt. Beweisen Sie
die folgende Aussage oder Ihr Gegenteil: Es ist unmöglich ein
Paket in ein größeres aber billigeres Paket zu stecken.

Anmerkung: Natürlich lässt sich ein längliches Paket in eines mit kürzeren Seiten stecken, indem man es diagonal legt.
Man hat jedoch den Eindruck, dass in diesem Fall die anderen beiden Richtungen sehr gekürzt werden müssen. In

zwei Dimensionen, also mit Rechtecken, kann man mithilfe der Dreiecksungleichung sofort erkennen, dass eine entsprechende kostensparende Verpackung unmöglich ist. Doch dieses Verfahren scheint in drei Dimensionen nicht zu funktionieren.

Lösungen und Kommentare

Münzen auf dem Tisch

Dieses netten Rätsel lernte ich von dem Informatiker Guy Kindler kennen. Wir verbrachten damals ein wunderbares Jahr als Gäste am Institute for Advanced Study in Princeton.

Wir beginnen mit der Feststellung, dass eine Verdopplung des Radius' aller Münzen (beispielsweise von 1 auf 2 cm) – wie in den Abbildungen 5.1 und 5.2 – zur Folge hat, dass

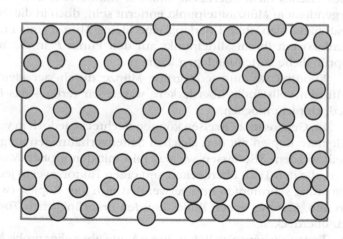

Abb. 5.1 Ohne Überlappung passen keine Münzen mehr auf den Tisch.

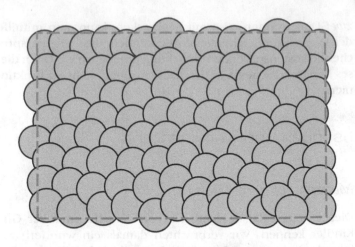

Abb. 5.2 Nach der Verdopplung ist der Tisch vollständig überdeckt.

nun der gesamte Tisch überdeckt ist. Denn wäre ein Punkt P des Tisches nicht überdeckt, muss er mindestens 2 cm von irgendeinem Münzmittelpunkt entfernt sein, doch in diesem Fall hätte man ohne Überlapp eine kleine Münze (mit 1 cm Radius) mit ihrem Mittelpunkt auf den Punkt P in die ursprüngliche Verteilung legen können.

Könnten wir nun jede große Münze durch vier kleine Münzen vollständig überdecken, wären wir fertig – das ist jedoch nicht möglich.

Im Gegensatz zu Kreisen können Rechtecke jedoch in vier kleinere Kopien mit den gleichen Seitenverhältnissen aufgeteilt werden. Also lassen wir das Bild mit den großen Münzen, die den Tisch überdecken, um einen Faktor zwei in jede Richtung schrumpfen und verwenden nun vier Kopien (wie in Abb. 5.3) des neuen Bildes um den ursprünglichen Tisch zu überdecken.

Erstaunlicherweise liefert dieses nette aber eher grobe Argument bereits den bestmöglichen Faktor: Wenn wir den Fak-

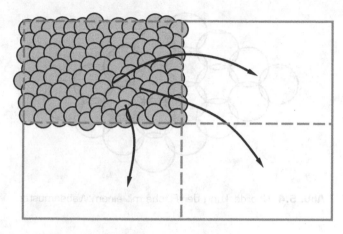

Abb. 5.3 Vier auf die Hälfte geschrumpfte Bilder mit den großen Münzen überdecken den ursprünglichen Tisch.

tor 4 durch einen kleineren ersetzen würden – z. B. 3,99 – wäre die Behauptung falsch.

Zum Beweis betrachten wir den Grenzfall eines sehr großen Tischs und entsprechend vieler Münzen, sodass Randeffekte keine Rolle mehr spielen. Wir überdecken den Tisch mit einem Bienenwabenmuster aus Fliesen mit gleichseitigen sechseckigen Platten vom Durchmesser 2. Da jede Fliese in sechs gleichseitige Dreiecke der Seitenlänge 1 mit einer Fläche von $\sqrt{3}/4$ unterteilt werden kann, hat eine Fliese die Fläche $6 \cdot \sqrt{3}/4 = 3\sqrt{3}/2$.

Man kann den ganzen Tisch mit Münzen überdecken, indem man auf jedes Sechseck eine Münze legt, deren Umfang dem Umkreis des Sechsecks entspricht (siehe Abb. 5.4).

Jede Münze hat den Radius 1 und somit die Fläche π. Ist die Gesamtfläche A, dann ist die Gesamtfläche der Münzen (unter Vernachlässigung der Randeffekte) gleich $\pi A / (3\sqrt{3}/2) \sim 1{,}2092 \cdot A$.

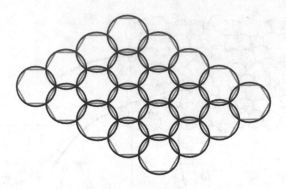

Abb. 5.4 Überdeckung der Fläche mit einem Wabenmuster.

Nun fragen wir uns, wie eng wir die Fläche mit Münzen überdecken können, sodass sich keine Münze ohne Überlappung
mehr hinzufügen lässt? Wir verwenden dazu dasselbe Wabenmuster, doch diesmal legen wir nur über jedes dritte Sechseck eine Münze (siehe Abb. 5.5), allerdings mit einem Radius,
der ein wenig größer ist als der Radius des *einbeschriebenen*
Kreises. Auf diese Weise lassen sich keine weiteren Münzen
zwischenfügen, doch wie groß ist die von den Münzen über-
deckte Fläche?

Der Münzradius ist etwas größer als die Höhe eines der
sechs gleichseitigen Dreiecke, aus denen das Sechseck besteht, nämlich $\sqrt{3}/2$. Damit ist die Fläche der Münze etwas
größer als $\pi \cdot (\sqrt{3}/2)^2 = 3\pi/4$.

Die Gesamtfläche der Münzen auf dem Tisch ist somit
beliebig nahe an dem Wert $(1/3) \cdot (3\pi/4) \cdot A/(3\sqrt{3}/2) =
\pi A/(6\sqrt{3}) \sim 0{,}3023 \cdot A$, also einem Viertel des vorherigen
Werts!

Als Ergebnis dieser Überlegungen haben wir nicht nur
die Problemstellung bewiesen, sondern darüber hinaus noch
zwei weitere nicht ganz so selbstverständliche Extremalei-
genschaften für Scheiben in einer Ebene. Die erste lautet,

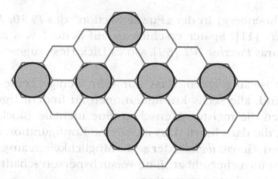

Abb. 5.5 Die Münzen sind etwas größer als der einbeschriebene Kreis.

dass es nicht möglich ist, eine bessere Überdeckung der Ebene mit Einheitsscheiben zu finden, als durch die umgeschriebenen Kreise der Sechsecke in einem Hexagonalgitter, so wie oben geschehen. Die zweite lautet, dass es keine bessere Möglichkeit gibt, die Hinzufügung von nicht überlappenden Münzen zu *verhindern*, als die Münzen auf die Mittelpunkte jedes dritten Sechsecks in einem Wabenmuster zu legen und die Radien der Münzen minimal größer als den einbeschriebenen Kreis zu wählen.

Sollten Sie der Meinung sein, diese Eigenschaften seien offensichtlich, dann sei hier erwähnt, dass die dichteste Packung der Ebene durch Einheitsscheiben darin besteht, die Scheiben in die umbeschriebenen Kreise der Sechsecke in einem Wabengitter zu legen. Dieser Satz wurde erst im Jahre 1972 von dem großen ungarischen Geometer László Fejes Tóth (1915–2005) bewiesen!

Vier Punkte, zwei Abstände

Ein nettes kleines Rätsel für den Mittagstisch! Im Jahre 1985 war es Problem 3a (eingereicht von S. J. Einhown und

I. J. Schoenberg) in der „Puzzle Section" des *Pi Mu Epsilon Journals* [11]. Später erschien es auf Seite 1 von Nob Yoshigaharas *Puzzles 101* [59], wo es Dick Hess zugeschrieben wurde.

Mir ist aufgefallen, dass nur sehr wenige Leute in der Lage sind, alle sechs Konfigurationen zu finden. Irgendwie scheinen die meisten Menschen eine mentale Blockade zu haben, die dazu führt, dass meist eine Konfiguration übersehen wird. Genau *welche* der sechs Möglichkeiten ausgelassen wird, ist unvorhersehbar. Eine Versuchsperson schaffte es sogar, das Quadrat zu vergessen.

Jedenfalls finden Sie in Abb. 5.6 sämtliche Konfigurationen. Die letzte Figur (das Trapez) besteht aus vier der fünf Eckpunkte eines regulären Fünfecks.

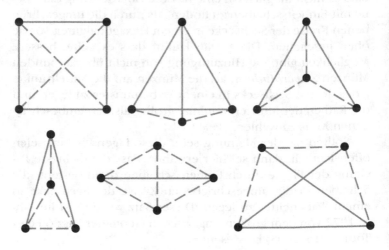

Abb. 5.6 Die sechs Möglichkeiten.

Die Gefangene und der Hund

Auf dieses nette Fluchtproblem machte mich Giulio Genovese aufmerksam. Es findet sich in Martin Gardners *Mathematischer Karneval* [19].

Wir definieren den Radius des Feldes als eine „Einheit". Wenn sich die Gefangene auf einem kleineren konzentrischen Kreis mit Radius r bewegt, wobei $r < \frac{1}{4}$, kann sie zu dem Punkt gelangen, der am weitesten von dem Ort des Hundes entfernt ist (siehe Abb. 5.7), denn der Umfang des kleinen Kreises ist kleiner als $\frac{1}{4}$ des Umfangs des gesamten Feldes. Doch wenn r nahe bei $\frac{1}{4}$ liegt, kann die Gefangene von diesem Punkt aus auf gerader Linie direkt zum Zaun laufen. Ihr Abstand vom Zaun ist minimal größer als $\frac{3}{4}$ der Einheit, doch der Hund muss um das halbe Feld herumlaufen, also π Einheiten. Da $\pi > 3$, ist diese Strecke länger als viermal die Strecke der Frau.

Der Faktor, um den der Hund schneller ist, kann von 4 auf 4,6033388 vergrößert werden. In diesem Fall führt die optimale Strategie beider Seien zu einer Pattsituation. Weitere

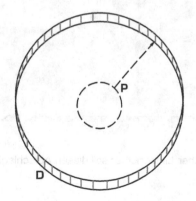

Abb. 5.7 Der Punkt, von dem aus die Gefangene (*P*) zum Zaun rennt.

Einzelheiten findet man in der Ausgabe der IMB-Rätselseite
„Ponder This" vom Mai 2001.[1]

Tennisrätsel

Rätselexperte und Tennisfan Dick Hess brachte mich auf dieses amüsante Rätsel. Abbildung 5.8 zeigt den Ballabdruck auf
dem Spielfeld. Es handelt sich um einen Aufschlagfehler, da
der Ball offensichtlich nicht in dem richtigen Aufschlagfeld
landet, trotzdem gilt der Ball weder als hinter der Aufschlaglinie noch als neben der Aufschlagmittellinie. Eine Maschine
wie „Cyclops", welche die Aufschlaglinie kontrolliert, würde
diesen Ball gut geben. Unwillkürlich fragt man sich, wie oft
dieser Ball falsch gewertet wird.

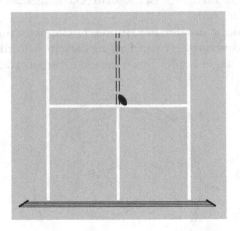

Abb. 5.8 Welcher Linienrichter soll diesen Aufschlagfehler ausrufen?

---

[1] http://domino.research.ibm.com/Comm/wwwr_ponder.nsf/solutions/
    May2001.html.

Ausgefeiltere automatische Systeme zur Ballverfolgung im Tennis, wie beispielsweise „Hawkeye" [13], berechnen die Koordinaten des Balls und würden diesen Schal korrekt als „aus" werten.

Zweifache Überdeckung mit Geraden

Dieses Rätsel wird einige Leser enttäuschen – die Antwort lautet ja (falls das Auswahlaxiom gilt). Es gibt sogar unendlich viele Möglichkeiten für eine solche Überdeckung. Doch der Beweis erfordert eine transfinite Induktion (!) und führt leider nicht auf eine geometrisch anschauliche Lösung. Das Problem (sowie seine Lösung) erhielt ich von dem Physiker Senya Shlosman, der seine Quelle allerdings nicht mehr kennt.

Mir gefällt diese Aufgabe jedoch als Beispiel einer einfachen Anwendung eines sehr leistungsstarken mathematischen Hilfsmittels. Die Idee ist Folgende: Wir beginnen mit drei Geraden, die sich jeweils schneiden, sodass wir bereits unsere drei Richtungen haben. Es sei κ die kleinste Ordinalzahl von der Kardinalität des Kontinuums (also der Anzahl der Punkte auf einer Linie, der Punkte in einer Ebene oder der Winkel in einer Ebene). Wir führen die Induktion über die Menge der Ordinalzahlen kleiner als κ aus. Jede von diesen ist entweder eine Nachfolgerzahl (wie 17, 188 oder $\omega + 1$) oder eine Limeszahl (wie ω, die erste unendliche Ordinalzahl). Die Kardinalität jeder dieser Ordinalzahlen ist streng *kleiner* als die Kardinalität des Kontinuums. Die *Zahl* aller Ordinalzahlen kleiner als κ ist das Kontinuum, sodass wir die Punkte in der Ebene durch diese Ordinalzahlen kennzeichnen können. Die Punkte bilden nun eine „wohl geordnete" Menge, d. h., jede nichtleere Teilmenge der Ebene hat einen kleinsten Punkt.

Nun führen wir die transfinite Induktion durch. Dazu stellen wir uns vor, wir sind an einem Punkt σ und haben für jede Ordinalzahl kleiner als σ eine Gerade konstruiert, so-

dass kein Punkt durch mehr als zwei Linien überdeckt wird.
Wir nehmen nun den kleinsten Punkt der Ebene, der noch
nicht von zwei Geraden überdeckt ist, und fügen eine Gerade durch diesen Punkt hinzu. Woher wissen wir, dass wir
auf diese Weise nicht bei einem anderen Punkt eine Dreifach-
überdeckung erzeugen? Nun, die Anzahl der bisher gezeichneten Geraden entspricht nur der Kardinalität von σ, und
daher ist die Anzahl der *Paare* solcher Geraden kleiner als
die Kardinalität des Kontinuums. Daher gibt es einen Winkel,
den wir für *diese* Gerade wählen können, bei dem alle anderen Punkt, die bereits zweifach überdeckt sind, vermieden
werden. Das wär's!

Betrug? Man kann sich des Eindrucks kaum erwehren.
Es gibt keine Möglichkeit, diese Konstruktion in irgendeiner
sinnvollen Weise durchzuführen. Bedeutet dies, dass es *keine*
einfache Art der Doppelüberdeckung der Ebene durch Geraden gibt? Nein, aber ich kenne keine – und Shlosman ebenfalls nicht.

Kurve auf einer Kugeloberfläche

Auch dieses Rätsel erhielt ich von dem Physiker Senya Shlosman, der es wiederum von Alex Krasnoshel'skii gehört hat.
Es folgt der Lösungsvorschlag von Senya.

Man wähle irgendeinen Punkt P auf der Kurve, durchlau-
fe die Hälfte der Kurve bis zum Punkt Q, und es sei N (für
Nordpol) der Punkt genau zwischen P und Q. (Da der Abstand $d(P,Q)$ von P nach Q kleiner ist als π, ist N eindeutig
festgelegt.) N bestimmt einen „Äquator", und wenn die Kurve vollständig innerhalb der nördlichen Halbkugel liegt, sind
wir fertig. Andernfalls kreuzt sie den Äquator irgendwo, und
es sei E einer dieser Kreuzungspunkte. Nun stellen wir fest,
dass $d(E,P) + d(E,Q) = \pi$, denn das Spiegelbild P' von P an
der Äquatorebene ist gerade die Antipode zu Q auf der südli-
chen Halbkugel. Daher ist $d(E,P') + d(E,Q) = \pi$.

Doch für jeden Punkt X auf der Kurve muss gelten, dass $d(P,X) + d(X,Q)$ kleiner ist als π, und damit erhalten wir den gesuchten Widerspruch.

Omer Angel von der Universität von British Columbia hat einen vollkommen anderen Beweis gefunden, der zwar weniger elementar ist, aber trotzdem noch elegant und lehrreich. Es sei C unsere geschlossene Kurve auf der Kugeloberfläche und $\hat{C}$ die konvexe (dreidimensionale) Hülle, d. h., die kleinste konvexe Menge, in der C vollständig enthalten ist. Wenn C nicht innerhalb einer Kugelhälfte liegt, dann enthält $\hat{C}$ den Mittelpunkt der Kugel, andernfalls gäbe es eine Ebene durch diesen Mittelpunkt die C nicht schneidet, und C läge ganz auf einer Seite dieser Ebene. Nach dem Satz von Carathéodory (siehe unten) gibt es auf C eine Menge von 4 Punkten, sodass sich der Mittelpunkt 0 als eine konvexe Kombination dieser Punkte schreiben lässt. Mit anderen Worten, das Tetraeder, dessen Vertizes diese vier Punkte bilden, enthält den Ursprung.

Nun bewege man die Punkte stetig entlang der Kurve aufeinander zu. Wenn die vier Punkte zusammenkommen, enthält das zugehörige Tetraeder nicht mehr den Ursprung. Irgendwann während dieses Prozesses muss der Ursprung also gerade auf einer *Seitenfläche* des Tetraeders gelegen haben. Diese Seitenfläche wird durch drei der Punkte aufgespannt, und diese drei Punkte müssen auf einem Großkreis liegen, wobei die kürzeste Verbindung auf dem Großkreis zwischen je zwei dieser Punkt nicht den dritten Punkt enthält. Also ist die Summe der drei paarweisen Abstände zwischen den drei Punkten 2π, was der Annahme widerspricht, dass sie auf C liegen sollen.

Der Mathematiker Constantin Carathéodory (1873–1950) hat einige elegante Sätze bewiesen. Einer der bekannteren unter ihnen besagt: Wenn ein Punkt v sich in der konvexen Hülle einer gegebenen Punktmenge im d-dimensionalen Raum befindet, dann liegt v bereits in der konvexen Hülle von einer Untermenge von höchsten $d + 1$ dieser Punkte.

Zum Beweis stellen wir zunächst fest, dass sich ein Punkt, der innerhalb der konvexen Hülle einer Menge liegt, als endliche Linearkombination von Punkten dieser Menge darstellen lässt, wobei die Koeffizienten positiv sind und ihre Summe 1 ist. Sei $k > d + 1$ und $v = \sum_{i=1}^{k} a_i v_i$, wobei $\sum_{1}^{k} a_i = 1$ und für alle i gelte $a_i > 0$.

Da es mehr als d dieser Punkte gibt, sind die Vektoren $v_1 - v_i$, $i = 2, \ldots, k$ linear abhängig. Somit gibt es Koeffizienten b_i, die nicht alle verschwinden, sodass $\sum_{i=2}^{k} b_i(v_1 - v_i) = 0$. Wir definieren $b_1 := -\sum_{j=2}^{k} b_j$. Dann gilt $\sum_{i=1}^{k} b_i v_i = 0$ und $\sum_{i=1}^{k} b_i = 0$. Da jedoch einige Koeffizienten b_j von null verschieden sind, muss es mindestens einen Koeffizienten b_i geben, der positiv ist.

Für jede reelle Zahl r gilt somit: $v = \sum a_i v_i - r \sum b_i v_i = \sum(a_i - rb_i)v_i$. Insbesondere können wir r gleich dem kleinsten Verhältnis a_i/b_i wählen, für das $b_i > 0$ ist (das sei für $i = j$ der Fall). Dann ist r positiv und $a_i - rb_i \geq 0$ für alle i. Damit haben wir v als eine konvexe Linearkombination dargestellt, wobei mindestens einer der Koeffizienten (nämlich $a_j - rb_j$) null ist. Also liegt v in der konvexen Hülle von höchstens $k - 1$ Punkten. Diese Schritte können wir wiederholen, bis wir bei $d + 1$ Punkten angelangt sind.

Laserkanone

Von diesem Puzzle hörte ich von Giulio Genovese, der es wiederum von Enrico Le Donne hatte. Sie konnten es bis zur Mathematik-Olympiade von 1990 in St. Petersburg [14] zurückverfolgen. Erstaunlicherweise reichen sechzehn Bodyguards aus.

Offenbar hat dieses Rätsel eine Kettenreaktion in der Forschung über dieses „Sicherheitsproblem" ausgelöst. Die Hauptfrage lautet, welche Raumformen abgesehen vom

Rechteck mit einer endlichen Anzahl von Bodyguards aus-
kommen. Diese Frage ist noch nicht vollständig beantwortet,
noch nicht einmal für Polygone mit rationalen Winkeln, doch
die Arbeit von Eugene Gutkin [31] zeigt, dass die einzigen si-
cheren *regulären* Polygonformen das gleichseitige Dreieck,
das Quadrat und das reguläre Sechseck sind.

Für unser Rätsel ist die Beweisidee folgende: Man stelle
sich den Raum als ein Rechteck in der Ebene vor, wobei Ihre Position dem Ort P und die Position Ihres Feindes dem
Ort Q entsprechen. Nun überdecken wir die gesamte Ebene
mit Kopien dieses Raums, indem wir ihn wiederholt an seinen Wänden spiegeln. Jede Kopie enthält auch eine Kopie
Ihres Feindes.

Jeder mögliche Schuss Ihres Feindes lässt sich in diesem
Bild als eine gerade Linie von *einer* der Kopien von Q nach P
darstellen. Jedes Mal, wenn eine solche Linie die Grenzlinie
zwischen zwei Rechtecken überquert, würde der richtige La-
serstrahl an der Wand reflektiert. In der Abbildung ist eine
solche gerade Linie (gestrichelt) eingezeichnet. Die durchge-

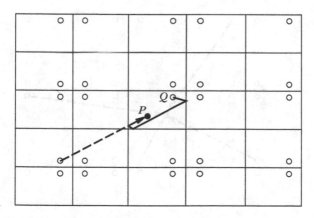

Abb. 5.9 Eine Überdeckung der Ebene durch gespiegelte Kopien des
Raumes (mit Ihrem Feind).

zogene Linie zeigt den entsprechenden Weg des Laserstrahls
innerhalb des eigentlichen Raumes.

Ihr Ziel ist zunächst, jeden Schuss genau bei der Hälfte
abzublocken. Das erreichen Sie folgendermaßen: Sie fertigen
zunächst eine Kopie der obigen Überdeckung der Ebene an,
nageln diese auf die Ebene an ihrer Position P, und lassen
nun diese Kopie um einen Faktor zwei in vertikaler und horizontaler Richtung schrumpfen. Die vielen Kopien von Q auf
der geschrumpften Kopie sind nun die Positionen Ihrer Bodyguards. Sie erfüllen die genannte Aufgabe, weil jede Kopie
von Q auf der ursprünglichen Überdeckung nun genau auf
der Hälfte zwischen diesem Punkt Q und Ihnen auf der geschrumpften Kopie erscheint.

In Abb. 5.10 ist die geschrumpfte Kopie grau gezeichnet,
außerdem sind einige virtuelle Laserstrahlen dargestellt. Man
erkennt, dass sie auf der Hälfte immer durch die entsprechenden kleineren Punkte auf dem grauen Raster verlaufen.

Natürlich gibt es immer noch unendlich viele dieser
Punkt, doch wir behaupten, dass es sich immer um Spiege-

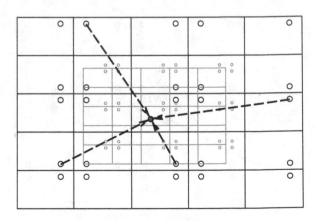

Abb. 5.10 Eine verkleinerte Kopie der Ebene über der ursprünglichen
Überdeckung, mit dem Punkt P als Fixpunkt.

lungen der richtigen Menge von 16 Punkten im ursprünglichen Raum handelt. Vier dieser Punkte befinden sich bereits
innerhalb des ursprünglichen Raums. Die vier Punkte in dem
Raum zur linken des ursprünglichen Raums lassen sich in
den ursprünglichen Raum hineinspiegeln und ergeben vier
weitere Punkte, das Gleiche gilt für die vier Punkte in dem
Raum oberhalb. Schließlich lassen sich noch die vier Punkte
in dem diagonalen Raum (einen Schritt nach oben *und* einen
nach links) durch eine doppelte Spiegelung in den ursprünglichen Raum bringen. In Abb. 5.11 wurden die zwölf neuen
Punkte (mit schwarzen Rändern und dunkelgrauer Mitte) in
das ursprüngliche Rechteck übertragen. Ein virtueller Laser-
strahl ist eingetragen, und sein zugehöriger wirklicher Strahl
kreuzt einen der neuen Punkte.

Da jeder Raum exakt gleich dem ursprünglichen Raum
oder einer der anderen drei gerade untersuchten gespiegel-
ten Kopien entspricht, sind sämtliche Positionen der Bodyguards in der Ebene geeignete Spiegelungen der sechzehn
Punkte, die wir nun in dem eigentlichen Raum ausgemacht

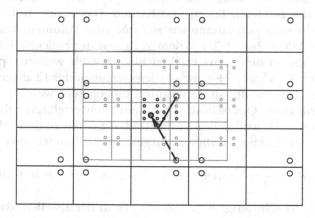

Abb. 5.11 Die neuen Punkte im ursprünglichen Rechteck decken
sämtliche Positionen der Bodyguards ab.

haben. Da jede gerade Linie aus einer Kopie von Q auf einen
der reflektierten Bodyguards trifft, trifft auch der tatsächliche Schuss einen „wirklichen" Bodyguard spätestens nach
der Hälfte des Weges und wird absorbiert.

Wenn die Positionen von P und Q geeignet gewählt werden, fallen einige der Positionen der Bodyguards zusammen.
Im Allgemeinen sind aber alle sechzehn notwendig.

Paket im Paket

Von diesem schönen Rätsel erzählte mir Anthony Quas (Universität von Viktoria), der es zusammen mit der unten angegebenen Lösung von Isaac Kornfeld, einem Professor an der
Northwestern University, hörte. Kornfeld war diesem Rätsel
vor vielen Jahren in Moskau begegnet.

Es sei B_ε eine Ausdehnung der Schachtel B um einen Betrag $\varepsilon > 0$, d. h., die Menge aller Punkte im Raum, die sich
innerhalb eines Abstands ε von einem Punkt von B befinden.
Wenn B die Abmessungen $a \times b \times c$ hat, dann hat B_ε ungefähr die Abmessungen $(a + \varepsilon) \times (b + \varepsilon) \times (c + \varepsilon)$, allerdings
mit abgerundeten Ecken und Kanten. Das exakte Volumen
von B_ε setzt sich zusammen aus abc (das Volumen von B)
plus $2ab\varepsilon + 2ac\varepsilon + 2bc\varepsilon$ (dem Volumen der ε-dicken Scheiben, die zu den sechs Flächen hinzugezählt werden), plus
$4a\pi\varepsilon^2/4 + 4b\pi\varepsilon^2/4 + 4c\pi\varepsilon^2/4$ (dem Volumen der 12 abgerundeten Leisten, die an den Kanten hinzugefügt werden und
jeweils einen Querschnitt von einem Dreiviertelkreis haben)
plus $4\pi\varepsilon^3/3$, weil sich die acht runden Knaufe an den Ecken
zu einer Vollkugel addieren. Insgesamt erhalten wir also:

$$\mathrm{Vol}(B_\varepsilon) = \frac{4}{3}\pi\varepsilon^3 + (a + b + c)\pi\varepsilon^2 + 2(ab + ac + bc)\varepsilon + abc.$$

Es ist schwierig, B_ε graphisch genau darzustellen, daher
beschränken wir uns auf die Ebene und zeigen anhand von
Abb. 5.12, wie B_ε aussehen würde, wenn B nur ein $a \times b$

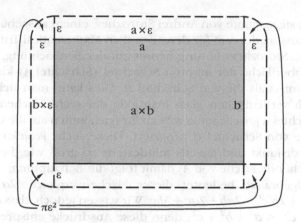

Abb. 5.12 Ein ε-erweitertes $a \times b$-Rechteck.

Rechteck wäre. In diesem Fall lautet die Gleichung für die Fläche der erweiterten Figur:

$$\text{Area}(B_\varepsilon) = \pi\varepsilon^2 + 2(a + b)\varepsilon + ab.$$

Zurück in drei Dimensionen können wir nun folgendermaßen schließen: Wenn Schachtel A (mit den Abmessungen a', b' und c') innerhalb von Schachtel B Platz hat, dann hat auch A_ε innerhalb von B_ε Platz, und zwar für jedes $\varepsilon > 0$. Also muss gelten $\text{Vol}(A_\varepsilon) < \text{Vol}(B_\varepsilon)$. Doch wenn wir ε sehr groß wählen, ist der führende Term in der Differenz der beiden Volumina durch

$$(a + b + c)\pi\varepsilon^2 - (a' + b' + c')\pi\varepsilon^2$$

gegeben. Da dieser Term nicht negativ werden darf, ist B in jedem Fall die teurere Schachtel.

Diese Problem erschien auch in den „Tournament of Towns" als Problem 5 in der Herbstrunde 1998, fortgeschrittener Senior-Level. Die dort angegebene Lösung war eine an-

dere; sie stammte von Andrei Storozhev, einem ausgebürger-
ten Russen, der nun für den Australian Mathematical Trust arbeitet. Storozhevs Lösung beruht auf der Beobachtung, dass
die Oberfläche der inneren Schachtel (Schachtel A) kleiner
sein muss als die von Schachtel B. Dies kann man sich dadurch verdeutlichen, dass man jede der sechs Flächen von
Schachtel A jeweils senkrecht zu ihr nach außen auf die Oberfläche von Schachtel B projiziert. Diese sechs Projektionen
sind disjunkt und jeweils mindestens so groß wie die entsprechende Fläche von A; damit folgt die Behauptung.

Algebraisch bedeutet dieser Flächenvergleich: $2a'b' +
2a'c' + 2b'c' < 2ab + 2ac + 3bc$. Wir wissen jedoch, dass $a'^2 +
b'^2 + c'^2 < a^2 + b^2 + c^2$, denn diese Ausdrücke entsprechen
den *Diagonalen* der beiden Schachteln, und die Diagonale
der inneren Schachtel muss kleiner sein als die der äuße-
ren. Aus diesen beiden Ungleichungen folgt: $(a' + b' + c')^2 <
(a + b + c)^2$, und wir sind fertig!

6 Linien und Graphen

Das menschliche Herz mag etwas Schiefe in seiner Geometrie.

Louis de Bernières (*1954)

Nun sind wir wieder in einer Dimension – bei Linien, die Sie schon kennen, und bei Graphen, die Sie vielleicht nicht kennen. Ein Graph besteht aus einer Ansammlung von Punkten, die man auch als *Vertizes* oder Knoten bezeichnet, und *Linien* oder Kanten, die man als Paare von Vertizes auffassen kann. Oft stellt man die Vertizes eines Graphen als Punkte in einer Ebene dar, und seine Kanten als Linien oder Kurven, die diese beiden Vertizes miteinander verbinden. Wenn eine solche graphische Darstellung möglich ist, ohne dass sich Kurven oder Linien schneiden, bezeichnet man den Graphen als *planar*.

Stabilisierung eines Gerüsts

Gegeben sei ein $n \times n$ Raster von Verstrebungen der Länge eins, jeweils an ihren Enden durch bewegliche Gelenke miteinander verbunden. Sie dürfen eine Teilmenge S der kleinen Quadrate mit Diagonalverstrebungen (der Länge $\sqrt{2}$) stabilisieren.

Für welche Wahl von S lässt sich das Verstrebungsraster in der Ebene mit möglichst wenig Diagonalverstrebungen so stabilisieren, dass es starr wird?

Abbildung 6.1 zeigt ein 3×3 Raster, das (offensichtlich) nicht ausreichend stabilisiert wurde.

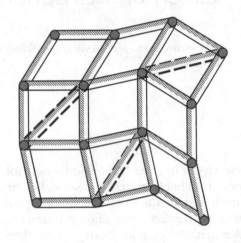

Abb. 6.1 Ein noch nicht ausreichend stabilisiertes Raster.

Ausflug auf einer Insel

Aloysius ist mit seinem Wagen auf einer Insel unterwegs und hat sich verfahren. Jede Kreuzung auf dieser Insel hat die Eigenschaft, dass sich jeweils drei Straßen (in beide Richtungen befahrbar) treffen. Er entschließt sich zu folgendem Algorithmus: Er fährt von seiner augenblicklichen Kreuzung zunächst in eine beliebige Richtung, an der nächsten Kreuzung fährt er nach rechts, dann wieder an der nächsten nach links, dann wieder nach rechts, dann links und so weiter.

Beweisen Sie, dass Aloysius bei diesem Algorithmus irgendwann wieder an seine Ausgangskreuzung zurückkehren muss.

Anmerkung: Einen Graph, bei jedem an jedem Knotenpunkt drei Kanten zusammenkommen, bezeichnet man als „regulären Graph vom Grad 3". Bei diesem Problem haben die Begriffe „rechts" und „links" eine eindeutige Bedeutung, was immer dann der Fall ist, wenn die Vertizes des Graphen in einer Ebene liegen, wobei die Linien des Graphen die Straßen darstellen. Es ist nicht notwendig, dass die Straßen auf Aloysius' Insel einem *planaren* Graphen entsprechen; die Kanten dürfen sich auch schneiden (beispielsweise bei Brücken oder Tunneln).

Kabel unter dem Hudson River

Durch einen Tunnel unter dem Hudson River verlaufen fünfzig identisch aussehende Kabel, und Sie sollen feststellen, welche Kabelenden jeweils paarweise zusammengehören. Dazu können Sie Paare von Drahtenden am westlichen Tunnelende verbinden und anschließend am östlichen Tunnelende testen, ob sich ein geschlossener Stromkreis ergibt.

Wie oft müssen Sie den Hudson überqueren, bis Sie Ihre Aufgabe gelöst haben?

Wanzen auf vier Geraden

In einer Ebene seien vier Geraden in allgemeiner Lage gegeben (keine zwei Geraden sind parallel, und es treffen sich keine drei Geraden in einem Punkt). Entlang jeder Geraden kriecht eine Geisterwanze mit konstanter Geschwindigkeit (die für verschiedene Wanzen verschieden sein kann). Da es sich um Geister handelt, können sich zwei Wanzen bei einem Zusammentreffen durchdringen und ungestört weiterlaufen.

Angenommen, fünf der möglichen sechs Treffen zwischen zwei Wanzen finden tatsächlich statt. Beweisen Sie, dass auch das sechste stattfindet.

Wo wir gerade bei Kriechtieren sind …

Spinnen auf einem Würfel

Drei Spinnen versuchen, eine Ameise zu fangen. Die vier Tiere können sich nur auf den Kanten eines Würfels bewegen. Jede Spinne ist mindestens ein Drittel so schnell wie die Ameise. Beweisen Sie, dass die Spinnen die Ameise tatsächlich fangen können.

Das nächste Rätsel führt uns auf einen netten Satz aus der Graphentheorie.

Leicht beeinflussbare Denker

Die Bewohner von Floptown treffen sich jede Woche einmal und besprechen Angelegenheiten der Stadt, insbesondere ob man den Bau eines neuen Einkaufszentrums unterstützen sollte oder nicht. Während dieser Treffen spricht jeder Bürger mit all seinen Freunden – von denen er, aus welchen Gründen auch immer, eine ungerade Anzahl hat – und am nächsten Tag ändert er seine Meinung (sofern notwendig) bezüglich des Einkaufszentrums dahingehend, dass er mit der Meinung der Mehrheit seiner Freunde übereinstimmt.

Beweisen Sie, dass jeder Bürger nach einer Weile jede *zweite* Woche dieselbe Meinung hat.

Anmerkung: Da es für die Verteilung der Meinungen insgesamt nur eine endliche Anzahl von Möglichkeiten gibt (bei n Bürgern 2^n verschiedene Möglichkeiten) ist offensichtlich, dass sich die Muster irgendwann wiederholen müssen. Es wird jedoch behauptet, dass dieser Zyklus nur die Periode 2 (oder 1) hat. Weshalb sollte das der Fall sein?

Wir beenden dieses Kapitel mit einem Geschöpf, das gerne auf seinem Graphen bleiben möchte.

Ein Lemming auf einem Schachbrett

Auf jedem Feld eines $n \times n$ Schachbretts befindet sich ein Pfeil, der zu einem der acht Nachbarfelder zeigt (oder von dem Schachbrett herunter, falls es sich um ein Randfeld handelt). Für benachbarte Felder (einschließlich der diagonalen Nachbarn) dürfen sich die Pfeile allerdings in ihrer Richtung nie um mehr als 45 Grad unterscheiden.

Ein Lemming beginnt bei einem Feld in der Mitte und folgt bei jedem Schritt den Pfeilen. Muss er irgendwann von dem Schachbrett herunterfallen?

Lösungen und Kommentare

Stabilisierung eines Gerüsts

Dieses interessante (und in gewisser Hinsicht auch praktische) Rätsel erhielt ich von dem hervorragenden Geometer Bob Connelly von Cornell, und es beruht auf einer Arbeit von Ethan Bolker und Henry Crapo.

Es ist sehr hilfreich, dieses Problem in ein graphentheoretisches Modell zu übertragen, allerdings nicht in der zunächst naheliegenden Weise (Vertizes als Gelenke und Kanten als

Verstrebungen). Stattdessen nehmen wir an, Sie haben die Verstärkungen bereits eingefügt, und Sie konstruieren nun einen Graphen G, dessen Vertizes den Reihen und Spalten von Quadraten entsprechen (für jede Reihe und jede Spalte zeichnen Sie einen Knotenpunkt). Jede Linie von G entspricht einer Reihe und einer Spalte, deren Schnittquadrat durch eine Verstrebung verstärkt wurde, sodass die Anzahl der Linien von G gleich der Anzahl der Stabilisierungsverstrebungen ist.

Abbildung 6.2 zeigt nochmals das Gitter aus Abb. 6.1, allerdings mit diesem Graph.

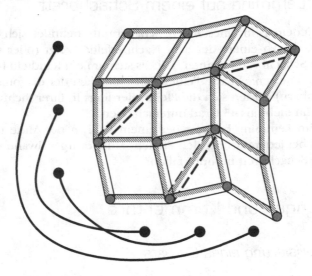

Abb. 6.2 Unser noch nicht stabilisiertes Gitter mit dem entsprechenden Reihen-Spalten-Graph.

Wenn eine Reihe und eine Spalte in G mit einer Linie verbunden sind, stehen sämtliche senkrechten Verstrebungen in der Reihe senkrecht auf den waagerechten Verstrebungen in der Spalte. Wenn G ein *zusammenhängender* Graph ist, d. h., wenn es einen Weg (eine Folge von Linien) von jedem beliebigen Vertex zu jedem anderen Vertex gibt, dann müssen *alle* waagerechten Verbindungen senkrecht auf allen senkrechten Verbindungen stehen. In diesem Fall sind sämtliche waagerechten Verstrebungen parallel zu einander und entsprechend sämtliche senkrechten Verstrebungen, und damit ist das Gitter stabil.

Nehmen wir andererseits an, der Graph sei nicht zusammenhängend und sei C eine *Komponente*, d. h., ein zusammenhängendes Stück von G ohne Verbindungslinien zum Rest von G. Dann kann nichts verhindern, dass die senkrechten Verbindungsstreben in den C-Reihen und die waagerechte Verbindungsstreben in den C-Spalten relativ zu anderen Streben in dem Raster kippen können.

Das entscheidende Kriterium für eine vollkommene Starrheit des Gitters lautet somit, dass der Graph G zusammenhängend sein muss. Da G aus $2n$ Vertizes besteht, muss der Graph mindestens $2n - 1$ Linien haben, um zusammenhängend zu sein (falls Ihnen diese Aussage nicht vertraut ist, lässt sie sich leicht über eine Induktion beweisen), und somit muss man mindestens $2n - 1$ Verstärkungsstreben einfügen, damit das Gitter starr wird. Man beachte jedoch, dass diese Verstärkungsstreben nicht beliebig verteilt werden können.

Abbildung 6.3 zeigt ein geeignet verstärktes 3×3 Gitter und den zugehörigen Graph. Zur Übung können Sie ja mal die Anzahl der Möglichkeiten bestimmen, wie Sie mit der minimalen Anzahl von Verstärkungsstreben (fünf) das 3×3 Raster stabilisieren können. Ein bekannter Satz der Graphentheorie besagt, dass jeder zusammenhängende Graph einen zusammenhängenden Teilgraphen mit der minimalen Anzahl von Linien hat. Diesen bezeichnet man als „aufspannenden Baum" oder auch „Gerüst". Nach diesem Satz gilt: Wenn wir mehr als $2n - 1$ Quadrate verstärkt haben *und das Gitter starr ist*, gibt es immer Möglichkeiten, alle außer $2n - 1$ Verstärkungsstreben zu entfernen ohne die Starrheit zu verlieren.

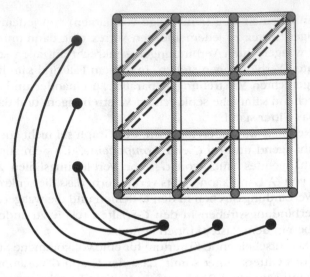

Abb. 6.3 Ein geeignet verstärktes Gitter und der zugehörige zusammenhängende Graph.

Ausflug auf einer Insel

In abgewandelter Form stammt dieses Rätsel aus dem Buch *Moscow Mathematical Olympiads* von G. A. Galperin und A. K. Tolpygo. Es wurde für die schon erwähnte Webseite „The Puzzle Toad" der Carnegie Mellon University in Pittsburgh verwendet.

Zwischen zwei Kreuzungen lässt sich der momentane Zustand von Aloysius eindeutig durch drei Angaben kennzeichnen: Die Kante, auf der er sich befindet, die Richtung, in die er sich bewegt, und die Richtung, in die er bei der letzten Kreuzung abgebogen ist (links oder rechts). Da es nur endlich viele solcher Tripel gibt, muss Aloysius irgendwann ein erstes Mal einen Zustand wiederholt einnehmen. Das kann jedoch nur bei seiner Startlinie sein.

Kabel unter dem Hudson River

Hierbei handelt es sich um eine Variante eines Problems, das Martin Gardner bekannt gemacht hat, und das man manchmal als das Graham-Knowlton-Problem bezeichnet. Es ist das sogenannte „WIP" (wire identification problem), das besonders für Elektrotechniker von Interesse ist. In der Version von Gardner dürfen an beiden Ende beliebig viele Drähten miteinander verbunden werden, und es darf an beiden Enden getestet werden. Die folgende Lösung findet sich in *Recreation in Mathematics* von Roland Sprague [51], sowie in einem neueren Artikel der drei Computerwissenschaftler Navin Goyal, Sachin Lodha und S. Muthukrishnan [29]. Diese Lösung erfüllt unsere zusätzlichen Einschränkungen und verlangt nur zwei Operationen auf jeder Seite (und somit insgesamt drei Flussüberquerungen, allerdings ohne die zusätzlichen Besuche, um die Drähte wieder zu trennen und möglicherweise tatsächlich zu nutzen). Die Lösung ist nicht eindeutig; wenn Sie also eine andere Lösung mit drei Überquerungen gefunden haben, kann sie ebenso gut sein.

Wir stellen uns vor, die Kabel seien am Westende des Tunnels durch $w_1, w_2, \ldots, w_n$ gekennzeichnet und am Ostende durch $e_1, e_2, \ldots, e_n$. Bei unserem ersten Besuch am Westende verknüpfen wir w_1 mit w_2, w_3 mit w_4, w_5 mit w_6 und so weiter, bis alle Enden außer w_{49} und w_{50} paarweise verbunden sind.

Nun testen wir am Ostende des Tunnels alle möglichen Paare von Kabelenden, bis wir sämtliche verbundenen Paare gefunden haben. Beispielsweise könnten wir feststellen, dass e_4 mit e_{29} verbunden ist, e_2 mit e_{15}, e_8 mit e_{31} und so weiter. Schließlich finden wir noch die beiden unverbundenen Kabel e_{12} und e_{40}.

Wir kehren wieder ans Westende zurück, lösen die Kabelverbindungen und verbinden nun w_2 mit w_3, w_4 mit w_5 und so weiter, bis alle Kabel außer w_1 und w_{50} einen Partner haben.

Wie zuvor testen wir nun am Ostende des Tunnels die Kabel paarweise und identifizieren die verbundenen Kabelenden. Um mit dem Beispiel fortzufahren, könnten wir als neue Paare finden e_{12} mit e_{15}, e_{29} mit e_2 und e_4 mit e_{31}, sowie die unverbundenen Kabel e_{40} und e_8.

Erstaunlicherweise reicht dieses einfache Verfahren aus, um alle Kabelenden identifizieren zu können.

Zunächst überlegen wir uns, dass das Kabelende am Ostende, das beim ersten Mal einen Partner hatte aber beim zweiten Mal nicht (in unserem Beispiel war das e_8) das andere Ende von w_1 sein muss. Das östliche Kabelende, mit dem e_8 beim ersten Mal gepaart war (hier e_{31}) muss zu w_2 gehören. Doch dann muss w_3 zu dem östlichen Kabelende gehören, das beim *zweiten* Mal mit e_{31} gepaart war, nämlich e_4. In dieser Weise können wir fortfahren und finden, dass w_4 zu e_{29} gehört (dem Partner von e_4 in der ersten Runde), w_5 gehört zu e_2 (dem Partner von e_{29} in der zweiten Runde), und so weiter. Schließlich folgt noch, dass w_{50} zu e_{40} gehört.

Gäbe es eine ungerade Anzahl n von Kabeln, dann hätten wir lediglich in der ersten Runde w_n nicht verbunden und in der zweiten Runde w_1 nicht. Alles andere bliebe unverändert.

Wanzen auf vier Geraden

Dieses Rätsel erhielt ich von Matt Baker vom Georgia Tech. Manchmal bezeichnet man es als „das Problem der vier Reisenden", und es erscheint auch auf der Webseite „Interactive Mathematics Miscellany and Puzzles" (http://www.cut-the-knot.org).

Die mit Abstand eleganteste mir bekannte Lösung verlangt, dass Sie das Problem in die dritte Dimension heben, indem Sie noch eine Zeitachse einführen. Angenommen, jedes Wanzenpaar trifft sich, mit Ausnahme von Wanze 3 und

Wanze 4. Wir zeichnen eine Zeitachse senkrecht zur Ebene der Wanzen, und g_i sei der Graph (diesmal im Sinne eines Funktionsgraphen) der i-ten Wanze. Da sich jede Wanze mit konstanter Geschwindigkeit bewegt, handelt es sich bei allen Graphen um Geraden. Die Projektion einer solchen Geraden auf die Ebene der Wanzen führt auf die Gerade, entlang der diese Wanze läuft. Zwei Graphen schneiden sich genau dann, wenn sich die zugehörigen Wanzen treffen.

Die Geraden g_1, g_2 und g_3 müssen koplanar sein (also alle drei in einer Ebene liegen), da sich alle drei Wanzenpaare treffen. Das Gleiche gilt für g_1, g_2 und g_4. Also sind alle vier Graphen koplanar. Andererseits sind g_3 und g_4 nicht parallel, denn ihre Projektionen auf die Ebene der Wanzen schneiden sich, also müssen sich diese beiden Graphen ebenfalls in der gemeinsamen Ebene schneiden. Die Wanzen 3 und 4 treffen sich daher ebenfalls.

Spinnen auf einem Würfel

Das Rätsel stammt aus derselben Quelle wie **Ausflug auf einer Insel** in diesem Kapitel.

Die Spinnen können beispielsweise die Ameise fangen, indem zwei von ihnen jeweils eine Kante des Würfels „kontrollieren". Zur Kontrolle einer Kante PQ verjagt die Spinne die Ameise zunächst von dieser Kante (sofern notwendig) und patrouilliert dann entlang dieser Kante in einer Weise, dass sie von Punkt P (oder Q) immer ein Drittel so weit entfernt ist wie die Ameise. Das ist immer möglich, da die Entfernung von P nach Q entlang der Kanten des Würfels für die Ameise (die die Kante PQ selbst nicht benutzen kann) das Dreifache der Länge von PQ ist.

Wählen wir für die beiden kontrollierten Kanten zwei *gegenüberliegende* Kanten (es gibt auch andere Möglichkeiten), so sehen wir, dass die restlichen Kanten des Würfels (ohne diese beiden Kanten sowie deren Endpunkte) ein Kantennetzwerk ohne Zyklen bilden (siehe Abb. 6.4). Somit kann die dritte Spinne die Ameise einfach zu einem der Endpunkte der kontrollierten Kanten jagen, wo sie auf eine andere Spinne trifft.

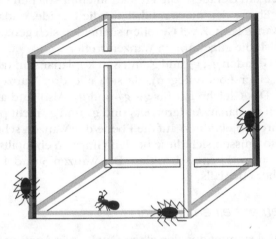

Abb. 6.4 Werden die beiden schwarzen Kanten kontrolliert, kann die Ameise auf dem grauen Netzwerk gejagt werden.

Leicht beeinflussbare Denker

Ich erhielt dieses Rätsel von Sasha Razborov vom Institute for Advanced Study. Nach seiner Kenntnis wurde es für eine Internationale Mathematik-Olympiade vorgeschlagen, dann aber als zu schwer empfunden. Gestellt und gelöst wurde es in einem Artikel von E. Goles und J. Olivos [27].

Für den Beweis, dass sich die Meinungen entweder nicht mehr ändern oder jede Woche alternieren, denken wir uns zunächst jede Freundschaft zwischen zwei Bürgern als ein Paar von Pfeilen zwischen diesen Personen dargestellt, in jede Richtung einer. Wir bezeichnen einen Pfeil als „sauer", wenn sich die momentane Meinung des Bürgers an seinem hinteren Ende von der Meinung des Bürgers an seiner Spitze *in der nächsten Woche* unterscheidet, (d. h., wenn die Meinung des Bürgers am hinteren Ende für den Bürger am vorderen Ende in der Minderheit ist und nicht ausreicht, dessen Meinung in der folgenden Woche zu bestimmen).

In der $t - 1$-ten Woche sei Clyde für den Bau des Einkaufszentrums. Wir betrachten zunächst sämtliche Pfeile, die von Clyde wegzeigen. Angenommen, von diesen Pfeilen seien m Pfeile sauer. (Das bedeutet, zum Zeitpunkt t sind die zugehörigen m Nachbarn gegen den Bau, und alle anderen dafür.) Wenn Clyde in der Woche $t + 1$ den Bau des Einkaufszentrums immer noch (oder wieder) unterstützt, dann muss die Anzahl n der sauren Pfeile, die in der Woche t auf Clyde zu zeigen, gerade gleich m sein (nämlich genau von den m Nachbarn, die zum Zeitpunkt t gegen den Bau waren).

Wenn Clyde allerdings in der Woche $t + 1$ gegen den Bau ist, dann muss n wirklich kleiner als m sein, denn in diesem Fall muss die Mehrheit seiner Freunde in der Woche t gegen den Bau gewesen sein. Daher war die Mehrheit der Pfeile, die in der Woche $t - 1$ von Clyde weggezeigt haben, sauer, und zur Woche t ist nur noch eine Minderheit der Pfeile, die auf Clyde zeigen, sauer.

Die gleichen Überlegungen gelten natürlich auch, wenn Clyde in der Woche $t - 1$ gegen den Bau des Einkaufszentrums ist.

Nun kommt jedoch die entscheidende Beobachtung: *Jeder* Pfeil zeigt in der Woche $t - 1$ von *irgendjemandem* weg, und in der Woche t auf irgendjemanden hin. Die Gesamtzahl aller sauren Pfeile kann zwischen der Woche $t - 1$ und der Woche t somit nicht zunehmen. Tatsächlich muss sie sogar abnehmen, es sei denn, jeder Bürger hat in der Woche $t + 1$ dieselbe Meinung wie in der Woche $t - 1$.

Da jedoch die Gesamtzahl der sauren Pfeile in einer gegebenen Woche nicht ewig abnehmen kann, muss irgendwann eine Zahl k erreicht sein, bei der diese Anzahl konstant bleibt. Zu diesem Zeitpunkt ändert ein Bürger seine Meinung entweder nicht mehr, oder er ändert seine Meinung wöchentlich zwischen „pro" und „contra".

Dieses Rätsel lässt sich in mehrfacher Hinsicht verallgemeinern. Beispielsweise kann man den Punkten noch Gewichte zuordnen (mit der Bedeutung, dass die Meinungen mancher Bürger höher eingeschätzt werden als die anderer), man kann Schleifen einbauen (für Bürger, die auch ihre eigene momentane Meinung für die Meinungsbildung in der nächsten Woche berücksichtigen), man kann besondere Regeln zum Umgang mit Paritäten einführen und sogar unterschiedliche Schwellen für „Pro"- und „Contra"-Meinungswechsel einführen.

Der Lemming auf dem Schachbrett

Dieses nette Rätsel hat sich Kevin Purbhoo ausgedacht, als er noch Schüler an der Northern Secondary School in Toronto war. Purbhoo hat mittlerweile an der University von Berkeley, Kalifornien, in Mathematik promoviert und arbeitet heute als Postdoc an der Universität von British Columbia über sogenannte „tropische Geometrie". Gehört habe ich von diesem Rätsel von Ravi Vakil von Stanford.

Tatsächlich muss der Lemming irgendwann vom Schachbrett fallen. Eine mögliche Begründung (die Vakil und ich unabhängig voneinander gefunden haben) besteht in folgender Beobachtung: Wir stellen uns vor, der Lemming müsste sich bei jedem Schritt zu einem Nachbarfeld in die Richtung drehen, in die der dortige Pfeil zeigt. Könnte der Lemming entlang eines großen Kreises wieder an seinen Ausgangspunkt zurückkehren, müsste er sich dabei um 360 Grad gedreht haben. Doch dann könnte man den Kreis schrittweise verkleinern und käme zu einem offensichtlichen Widerspruch. Doch wenn der echte Lemming nicht vom Schachbrett fallen will, muss er irgendwann einmal immer im Kreis laufen, und in diesem Fall muss er die 360 Grad Drehung gemacht haben.

Die Lösung von Purbhoo aus seinen Schultagen verwendet eine Induktion. Angenommen, der Lemming könnte auf dem Schachbrett bleiben, dann muss er, wie bereits erwähnt, irgendwann entlang eines geschlossenen Kreises laufen. Es sei C die kleinste Fläche auf einem Schachbrett, bei der dies passieren kann, und wir nehmen an, es handele sich um einen Zyklus im Uhrzeigersinn. Wir können uns dann auf die Felder beschränken, die C und das Innere enthalten. Nun drehen wir sämtliche Pfeile um 45° im Uhrzeigersinn und würden auf diese Weise einen kleineren Kreis erzwingen.

7 Spiele und Strategien

Wenn das Leben kein spielenswertes Spiel anzubieten hat, dann erfinde eins.

Anthony J. D'Angelo, „The College Blue Book"

Auch wenn wir keine Spiele spielen würden, müssten wir sie erfinden, denn viele mathematische Probleme lassen sich am besten in Form von Spielen darstellen. Wir haben schon einige Rätsel kennengelernt, bei denen es darum ging, eine optimale Strategie zu entwickeln. In diesem Kapitel folgen weitere.

Wir beginnen mit einer einfachen Frage zu einem Spiel, das wirklich gespielt wird – Poker.

Rasches Poker

Was ist der beste Full House?

Anmerkung: Gespielt wird „Straight Five-Card Stud Poker" (jeder erhält fünf Karten, alle verdeckt, und man kann keine Karte tauschen) mit (beispielsweise) fünf Mitspielern und einem einzelnen gewöhnlichen Kartendeck. Da Gott Ihnen noch einen Gefallen schuldig ist, dürfen Sie sich einen Full House wünschen. Welchen würden Sie wählen?

Polynomraten

Das Orakel von Delphi hat sich ein bestimmtes Polynom (in der Variablen x) mit nicht-negativen ganzzahligen Koeffizienten ausgedacht. Sie dürfen das Orakel mit jedem beliebigen ganzzahligen Wert für x befragen und das Orakel nennt Ihnen den Wert von $p(x)$.

Mit wie vielen Fragen können Sie p bestimmen?

Das SOS-Spiel

Auf einem Blatt Papier sei eine Zeile von n leeren Feldern vorgegeben. Tristan und Isolde schreiben abwechselnd ein „S" oder ein „O" in ein noch leeres Feld. Gewinner ist, wer als erstes ein „SOS" in benachbarten Feldern vervollständigt. Für welche Werte von n gibt es für den zweiten Spieler (Isolde) eine Gewinnstrategie?

Urnensolitär

Vor Ihnen befindet sich eine Urne mit grünen und roten Kugeln (mindestens eine Kugel von jeder Farbe). In der ersten Runde dieses Spiels ziehen Sie blind eine Kugel und merken sich ihre Farbe. Danach ziehen Sie so lange weitere Kugeln (immer zufällig), bis sie zu einer Kugel mit der *anderen* Farbe gelangen. Diese Kugel legen Sie anschließend in die Urne zurück.

Die zweite und alle weiteren Runden sind Wiederholungen der ersten Runde. Sie spielen so lange, bis die Urne leer ist. Wenn die letzte gezogene Kugel grün ist, haben Sie gewonnen.

Wie viele grüne und wie viele rote Bälle sollten zu Beginn in der Urne sein, damit Ihre Gewinnchancen möglichst groß werden?

Piraten und Gold

Ein Piratenschiff mit einer Mannschaft von 100 Piraten hat eine Schatztruhe gekapert, die einige Goldmünzen enthält sowie Vorschriften, wie diese Münzen aufzuteilen sind. Jeder Pirat, angefangen beim Kapitän und dann in der Reihenfolge des Rangs, macht einen Vorschlag, wie viele Münzen jeder erhalten soll. Alle Piraten, einschließlich des Vorschlagenden, stimmen über den Vorschlag ab, bei Gleichstand entscheidet der Vorschlagende. Wenn ein Vorschlag angenommen wurde, werden die Münzen entsprechend verteilt und das Verfahren ist beendet. Wenn jedoch der Vorschlag abgelehnt wird, muss der Vorschlagende über die Planke gehen (d. h., er ertrinkt) und der verbliebene ranghöchste Pirat kann mit einem besseren Vorschlag aufwarten.

Sie dürfen davon ausgehen, dass die Piraten außerordentlich gerissen, habgierig und vorsichtig sind. Höchste Priorität hat, nicht vom Schiff springen zu müssen. Wenn beide Möglichkeiten für einen Piraten gleichwertig sind, kann man nicht auf seine Stimme bauen.

Wie viele Münzen müssen mindestens in der Schatztruhe sein, damit der Kapitän sein Überleben sichern kann?

Farbwechsel auf einem Schachbrett

Sie haben ein gewöhnliches Schachbrett mit 8 × 8 roten und schwarzen Feldern. Ein guter Geist gibt Ihnen zwei „magische Quadrate", eines überdeckt 2 × 2 Felder und das andere

3×3 Felder. Wenn Sie eines dieser Quadrate auf das Schachbrett legen, wechseln die von dem Quadrat überdeckten 4
bzw. 9 Felder ihre Farbe.

Können Sie jedes der 2^{64} möglichen Farbmuster auf dem
Schachbrett erzeugen?

Weitere Farbwechsel auf einem kleineren Brett

Diesmal haben Sie nur ein 6 × 6 Brett, und auf jedem der
36 Felder steht eine ganzen Zahl. Sie können ein 2 × 2, 3 × 3,
4 × 4, 5 × 5 oder 6 × 6 Teilbrett wählen und jeweils alle Zahlen
innerhalb dieses Teilquadrats um 1 erhöhen. Ist es möglich,
ausgehend von einer beliebigen Anfangsverteilung von Zahlen, zu einer Verteilung zu gelangen, bei der jede Zahl ein
Vielfaches von 3 ist?

Beim Poker, wie auch bei vielen anderen Spielen, spielt
das Bluffen eine wichtige Rolle, was ein sehr kompliziertes
Phänomen sein kann. Für das nächste Spiel beschränken wir
uns auf das Wesentliche beim Bluffen.

Ein einfacher Bluff

Wir betrachten das folgende einfache Bluff-Spiel. Louise und
Jeremy haben je einen Mindesteinsatz von einem Dollar. Louise nimmt eine Karte von dem gemischten Deck und schaut
sie an. Sie kann nun Ihren Einsatz um $10 erhöhen (indem
sie $10 in den Topf gibt) oder nichts tun. Wenn sie nichts tut,
gewinnt sie den Topf, wenn ihre Karte ein Pik ist, andernfalls
verliert sie ihn.

Wenn Louise erhöht hat, kann Jeremy entweder mitgehen
(indem er $10 in den Topf zahlt) oder aussteigen. Wenn Je-
remy aussteigt, nimmt Louise den Topf und gewinnt Jeremys

Einsatz. Wenn Jeremy mitgeht und Louises Karte ist ein Pik, gewinnt Louise den Topf, diesmal einschließlich der $11 von Jeremy. Wenn ihre Karte jedoch kein Pik war, erhält Jeremy den Topf.

Wer ist bei diesem Spiel im Vorteil? Würde sich etwas ändern, wenn der Wetteinsatz ein anderer als $10 wäre?

Wir beenden dieses Kapitel mit einer besonderen Form des klassischen Spiels Nim.

Chinesisches Nim

Auf dem Tisch befinden sich zwei Erbsenhaufen. Alex muss entweder einige Erbsen von einem Haufen nehmen, oder er muss von beiden Haufen dieselbe Anzahl von Erbsen nehmen; anschließend hat Beth dieselbe Wahl. Sie wechseln sich ab, bis jemand die letzte Erbse nehmen kann und das Spiel gewonnen hat.

Was wäre eine gute Gewinnstrategie für dieses Spiel? Wenn Alex zwei Haufen mit 12 000 und 20 000 Erbsen vor sich hat, was soll er machen? Was ändert sich bei 12 000 und 19 000 Erbsen?

Lösungen und Kommentare

Rasches Poker

Dieses Rätsel erhielt ich von Stan Wagon, der es aus dem Buch *Puzzles in Math and Logic* [16] von Aaron Friedland hatte.

Offenbar sind alle Full House mit drei Assen gleichwertig, denn es kann bei einem einzelnen Kartendeck nur einen solchen geben. Es gibt aber *andere* Blätter, die höher sind:

alle Four-of-a-Kind (Vierling), von denen es immer 11 Möglichkeiten gibt, und insbesondere jeder Straight Flush (fünf gleichfarbige Karten in Folge). Die Kombinationen AAA99, AAA88, AAA77 und AAA66 machen die höchste Anzahl von Straight Flushes unmöglich (sechzehn – jedes Ass verhindert nur zwei, aber jede der Zahlenkarten verhindert fünf), daher sind dies die besten Full Houses. AAA55 ist nicht ganz so gut, da eine 5 dieselbe Farbe haben muss wie ein Ass, und somit wird der A2345 Straight Flush von dieser Farbe doppelt verhindert.

Wenn Sie starrköpfig auf einem AAAKK Full House bestehen, gibt es immerhin $40 - 9 = 31$ Straight Flushes, von denen Sie geschlagen werden können; es sind sogar noch mehr, wenn Sie nicht alle vier Farben abdecken. In den genannten Fällen sind es nur $40 - 16 = 24$.

Polynomraten

Ich erhielt dieses Rätsel von Joe Buhler (Reed College). Er vermutet, dass es sich um ein sehr altes Rätsel handelt.

Wie Sie vielleicht selbst herausgefunden haben, benötigt man nur zwei Fragen: Wenn das Orakel auf $x = 1$ mit n antwortet, wissen Sie, dass kein Koeffizient größer als n sein kann. Ihre zweite Frage könnte dann $x = n + 1$ sein. Wenn Sie die Antwort des Orakels auf diese Frage als Ziffernfolge in der Basis $n + 1$ ausdrücken, erhalten Sie das Polynom.

Ohne die Einschränkung auf ganze Zahlen, bei denen Sie von dem Orakel den Wert des Polynoms erfragen, reicht bereits eine Frage, beispielsweise mit $x = \pi$. Wenn das Orakel Ihnen die Ziffernfolge von $p(\pi)$ gibt, müssen Sie nur noch entscheiden, ab welcher Stelle die Information ausreicht, um die Koeffizienten berechnen zu können.

Helge Tverberg (von der Universität Bergen in Norwegen) machte mich darauf aufmerksam, dass dieses Problem sogar noch lösbar ist, wenn man nur weiß, dass es sich bei den Koeffizienten um nicht-negative reelle Zahlen handelt. Um das Polynom p zu erhalten, fragen Sie zunächst nach $p(1)$. Lautet die Antwort 0, dann ist $p \equiv 0$ und Sie sind fertig. Andernfalls wählen Sie Werte, mit denen Sie sukzessive Differenzen bilden können: Rekursiv definieren Sie: $p_0(x) = p(x), p_{i+1}(x) = p_i(x+1) - p_i(x)$. Beim k-ten Schritt fragen Sie nach $p(k)$ und berechnen mit den Werten $p(1), \ldots, p(k)$ den Wert $p_{k-1}(1)$. Dieser Wert ist genau dann 0, wenn $k = d+2$, wobei d der Grad von p ist. Sobald Sie d kennen, können Sie aus $d+1$ der Werte, die Sie bereits haben, das Polynom p bestimmen.

Das SOS-Spiel

Von dem SOS-Spiel erfuhr ich von meinem Doktoranden Rachel Esselstein. Neben vielen anderen Spielen wird es in dem Buch *Game Theory Text* von Tom Ferguson besprochen, das man auf der Webseite http://www.math.ucla.edu/~tom/Game_Theory/Contents.html findet. Die hier genannte Version erschien bei der 28. Mathematik-Olympiade der USA im Jahre 1999.

Dieses Spiel erscheint zunächst verwirrend und unnahbar, bis man feststellt, dass man nur dann einen Gewinn beim nächsten Zug erzwingen kann, wenn man den Gegner dazu bringt, einen Buchstaben in die Konfiguration S-frei-frei-S zu setzen. Diese Konfiguration nennen wir im Folgenden eine „Falle". Tristan kann beispielsweise bei $n = 7$ Feldern eine Falle aufstellen, indem er zunächst ein S in die Mitte setzt, und beim nächsten Mal ein zweites S an das Ende der Reihe, das weiter von Isoldes Antwort entfernt ist. Nachdem jeder Spieler noch einen Buchstaben an das Ende von Isoldes Antwort gesetzt hat, muss Isolde in die Falle schreiben und verliert das Spiel.

Das Gleiche gilt für jedes ungerade n größer als 7, da Tristan ein S beliebig setzen kann (mindestens jedoch 4 Felder von einem Ende entfernt), und anschließend auf einer der beiden Seiten eine Falle aufbauen kann. Nun muss er nur noch warten.

Wenn n gerade ist, hat Tristan keine Chance, da es nie zu dem Punkt kommen wird, bei dem Isolde nur noch in eine Falle schreiben kann. Wenn sie am Zug ist, gibt es immer eine ungerade Anzahl von freien Feldern. Wenn n gerade und groß genug ist, kann Isolde immer gewinnen, indem sie ein S weit genug von den Enden und von Tristans erstem Feld schreibt. Wenn Tristan mit einem O beginnt, kann Isolde kein S daneben setzen, also benötigt sie genügend Platz.

Für $n = 14$ kann Tristan zunächst ein O in Feld 7 schreiben (nummeriert von 1 bis 14), und Isoldes beste Antwort ist ein S auf Feld 11 (womit sie beim nächsten Schritt eine Falle mit S in Feld 14 setzen könnte). Tristan kann dem jedoch entgegenwirken, in dem er in Feld 13 oder 14 ein O setzt (oder ein S in Feld 12). Nun könnte Isolde auf die Idee kommen, eine Falle mit einem S in Feld 8 aufzubauen, was jedoch nicht geht, denn dann könnte Tristan mit einem S in Feld 6 gewinnen.

Der Fall $n = 14$ endet somit unentschieden. Für Isolde muss n gerade sein und mindestens 16. Zusammenfassend gilt: Tristan gewinnt, wenn n ungerade und mindestens 7 ist, Isolde gewinnt, wenn n gerade und mindestens 16 ist. In allen anderen Fällen für n führt die optimale Spielweise auf ein Unentschieden.

Urnensolitär

In einer leicht abgewandelten Form erschien dieses Rätsel als Problem 2.6 in Martin Gardners Buch *The Colossal Book of Short Puzzles and Problems* [25], jedoch wurde die Lösung ohne Beweis angegeben. Es wird allerdings auf einen Artikel verwiesen [43]. Dort erstreckt sich der Beweis auf drei Seiten und ist viel zu technisch, sowohl für Gardners Buch als auch für meines.

Es gibt jedoch eine einfache Möglichkeit einzusehen, dass die Gewinnwahrscheinlichkeit des Urnensolitärs genau $\frac{1}{2}$ ist, unabhängig von der Anzahl der roten und grünen Kugeln in der Urne. Das folgende Argument stammt von Sergiu Hart von der Hebrew University in Jerusalem, der mich auch auf das Problem aufmerksam machte.

Bei der Untersuchung von Zufallsprozessen ist es manchmal hilfreich, die Zufälligkeit an eine andere Stelle zu verschieben. Im vorliegenden Fall ist es vorteilhaft – und auch erlaubt – sich vorzustellen, dass vor jeder Spielrunde die verbliebenen Kugeln zufällig in eine Reihe gelegt werden, und man nun von der linken Seite die Kugeln wegnehmen muss. In diesem Fall müssen unmittelbar vor der letzten Runde alle Bälle dieselbe Farbe haben. Unmittelbar vor der *vorletzten* Runde gibt es noch Kugeln beider Farben, wobei alle roten Bälle auf der linken Seite und alle grünen Bälle auf der rechten Seite liegen müssen (oder umgekehrt). Liegt der erste Fall vor, gewinnen Sie, beim zweiten verlieren Sie. Unabhängig davon, wie viele Bälle von jeder Farbe noch im Spiel sind (oder ursprünglich im Spiel waren), sind diese beiden Fälle gleich wahrscheinlich. Somit ist die Gewinnwahrscheinlichkeit genau $\frac{1}{2}$.

Helge Tverberg (siehe letzte Aufgabe) bemerkt dazu, dass es ein „weniger trickreiches" aber immer noch recht elegantes Verfahren für den Beweis des Urnensolitärs gibt: Man nehme eine Induktion über die Gesamtzahl der Bälle vor. Von Sergiu selbst stammt der Hinweis, dass das Problem des Urnensolitärs in einem gewissen Sinne isomorph ist zu „The Lost Boarding Pass" auf Seite 35 von [56].

Piraten und Gold

Giulio Genovese, ein Doktorand in Dartmouth, hat mich an dieses alte Rätsel erinnert. Wie bei vielen ähnlichen Spielen führt die Lösung über eine von hinten aufgezogene Überlegung. Wir nummerieren die Piraten nach ihrer umgekehrten Rangfolge, und die Anzahl der Münzen sei n. Wenn wir beim letzten Piraten P_1 angekommen sind, nimmt dieser natürlich sämtliches Gold und kann hoffentlich alleine das Schiff zurück in den Hafen bringen.

Das ist jedoch eine müßige Überlegung, denn sollte es je dazu kommen, dass nur noch P_1 und P_2 übrig sind, wird P_2 sich selbst alle Münzen zusprechen, gleichzeitig für seinen eigenen Vorschlag stimmen und das Schiff fortan kommandieren.

Sollte P_3 jemals in die Lage kommen, einen Vorschlag machen zu können, versicherte er sich der Stimme von P_1 indem er ihm eine Münze zuspricht und die restlichen $n-1$ Münzen selbst einsteckt.

Die beste Strategie von P_4 ist somit, P_2 mit einer Münze zu bestechen. Mehr bedarf es nicht, denn P_2 weiß, dass er nichts bekommt, sollte der Vorschlag von P_4 abgelehnt werden.

P_5 benötigt schon zwei Stimmen, und je eine Münze für P_1 und P_3 sollten dafür ausreichen.

Langsam wird das Muster erkennbar, und wir sind in der Lage, eine Vermutung mithilfe vollständiger Induktion zu beweisen: Wenn es genügend Münzen gibt, und eine ungerade Anzahl von Piraten verbleiben, dann sollte der Vorschlagende jedem verbliebenen Piraten mit einem ungeraden Rang eine Münze zubilligen; wenn eine gerade Anzahl von Piraten übrigbleibt, dann sollte der Vorschlagende jedem Piraten mit geradem Rang eine Münze zugestehen. Die Induktionshypothese lautet, dass diese Vorschläge nicht nur richtig sind, sondern dass auch alle Piraten, die eine Münze erhalten haben, mit „ja" stimmen. Der Beweis ist nun kein Problem.

Was ist das Schicksal des Kapitäns? Wenn er sein eigenes Überleben sichern möchte, benötigt er 49 Münzen, die er den Piraten mit geradem Rang unterhalb von 100 zuspricht.

Farbwechsel auf einem Schachbrett

Dieses Rätsel stammt von Ehud Friedgut von der Hebrew University. Es ist angelehnt an eine Aufgabe, die in einem Mathematikwettbewerb für Jugendliche in Israel gestellt wurde. In diesem Wettbewerb wurden 3×3 und 4×4 Quadrate vorgegeben, und schon durch einfaches Abzählen kann man erkennen, dass nicht jede Farbkonfiguration erreicht werden kann. Wichtig ist dabei die Feststellung, dass die Reihenfolge, in der die Quadrate auf das Schachbrett gelegt werden, keine Rolle spielt. Man muss nur wissen, welche der 5^2 Möglichkeiten für das 4×4 Quadrat und welche der 6^2 Möglichkeiten für das 3×3 Quadrat verwendet werden. Insgesamt gibt es somit $2^{25} \cdot 2^{36} = 2^{61}$ Möglichkeiten, verschiedene Farbkombinationen zu *versuchen*. Das reicht offenbar nicht.

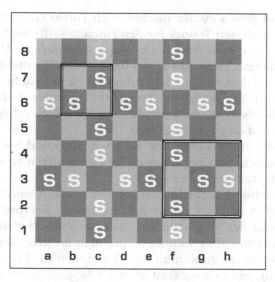

Abb. 7.1 Spezielle Felder (durch ein weißes *S* gekennzeichnet) und Beispiele für Quadrate.

In der abgeänderten Form von Ehud Friedgut gibt es jedoch $2^{49} \times 2^{36}$ Möglichkeiten für die Anordnung der Quadrate, was theoretisch ausreichen würde, um alle 2^{64} Farbkombinationen zu erhalten. Doch erhält man wirklich alle?

Wir bezeichnen Felder als „speziell", wenn sie sich in Reihe 3 oder 6 befinden, oder aber in Spalte c oder f, allerdings nicht in beiden (siehe Abb. 7.1). Jedes 2×2 Quadrat oder 3×3 Quadrat überdeckt immer eine gerade Anzahl von speziellen Feldern.

Da es auf dem Schachbrett eine gerade Anzahl spezieller schwarzer Feldern gibt, kann man keine Farbkombination erreichen, bei denen die Anzahl der speziellen schwarzen Felder ungerade ist.

Weitere Farbwechsel auf einem kleineren Brett

Auch auf dieses Puzzle machte mich Giulio Genovese aufmerksam, dessen Trainer für den Putnam-Wettbewerb, Vladimir Chernov, es in dem Buch *Noviye Olimiady po Matematiker*, Phoenix Press, Rostov-on-the-Don, 2005, entdeckte.

Wie bei dem vorigen Schachbrettproblem besteht die Aufgabe darin, eine geeignete „Invariante" zu finden. Es folgt ein gänzlich misslungener Versuch, eine schließlich erfolgreiche Argumentation zu rechtfertigen.

Natürlich muss man nur die 2×2, 3×3 und 5×5 Quadrate berücksichtigen, denn die beiden anderen lassen sich aus kleineren zusammensetzen.

Wie schon bei der letzten Aufgabe erwähnt wurde, kann man bei Problemen dieser Art erst einmal überprüfen, ob die Anzahl der Möglichkeiten, die man *hat*, überhaupt die Möglichkeiten abdecken kann, die man *braucht*. Da wir in den Feldern die Zahlen modulo 3 verteilen (0, 1 oder 2 mit $2 + 1 = 0$), gibt es insgesamt $3^{6^2} = 3^{36}$ Möglichkeiten. An jede erlaubte Stelle kann man ein Quadrat (1) einmal setzen, oder (2) *zweimal* setzen, oder (3) gar nicht setzen; dreimal führt zu keiner Veränderung. Für das 2×2 Quadrat gibt es 5^2 Möglichkeiten der Platzierung, für das 3×3 Quadrat 4^2 Möglichkeiten und für das 5×5 Quadrat 2^2 Möglichkeiten; insgesamt also $3^{25} \cdot 3^{16} \cdot 3^4 = 3^{45}$. Damit stehen zumindest ausreichend viele Möglichkeiten zur Verfügung. Offensichtlich führen viele dieser Möglichkeiten zu demselben Effekt, doch es ist damit immer noch nicht erwiesen, ob man tatsächlich auch jede Verteilung von Zahlen (modulo 3) erreichen kann.

Mathematisch gesprochen haben wir eine lineare Abbildung von dem Vektorraum $\mathbb{Z}_3^{45}$ in den Vektorraum $\mathbb{Z}_3^{36}$, und wir möchten wissen, ob diese Abbildung surjektiv ist (es also zu jedem Bild mindestens ein Urbild gibt). Wir können das Problem auch umdrehen und uns fragen, ob wir aus der Konfiguration, bei der in jedem Feld die 0 steht, jede beliebige andere Konfiguration erhalten können.

Ist die Antwort positiv, dann sollten wir in der Lage sein, aus der „überall-0"-Konfiguration zu einer Konfiguration zu gelangen, bei der ebenfalls überall 0 steht außer an einer beliebig vorgegebenen Stelle, an der eine 1 stehen soll. Ist dieses Problem gelöst, können wir jede Konfiguration erreichen, denn für jede 1 in der gesuchten Konfiguration legen wir die entsprechende Kombination von Quadraten übereinander und für jede 2 benötigen wir die entsprechende Quadratekombination zweimal. Ebenso wie beim Rubik-Würfel™ suchen wir nun nach Verteilungen von Quadraten, die zu möglichst wenig Veränderungen führen. Ein Beispiel: Wir beginnen mit zwei 3×3 Quadraten in diagonal benachbarten Lagen, sodass sie auf einem 2×2 Quadrat überlappen. Wenn wir nun noch jeweils zwei 2×2 Quadrate in jede Ecke des 4×4 Bildes legen, und zwei weitere in die Mitte, dann heben sich sämtliche Effekte weg mit Ausnahme von zwei Feldern in zwei diagonal gegenüberliegenden Eckpositionen. Wir können daher die Einträge in nur zwei Feldern um 1 erhöhen, wobei diese Felder drei Schritte entlang einer Diagonalen voneinander entfernt liegen.

Es scheint jedoch schwer eine Kombination zu finden, bei
der man nur ein einzelnes vorgegebenes Feld verändert. Wir
wechseln nun die Fronten: Wenn man *nicht* jede Konfiguration erreichen kann, dann sollte es eine *Invariante* geben:
irgendeine Zahl, die man mit einer Konfiguration verbinden
kann, und die durch keine Verteilung von Quadraten verändert werden kann. Bei einem linearen Problem, wie dem vorliegenden, sollte diese Invariante selbst wieder eine lineare
Funktion der Positionen sein. Das bedeutet, es muss zwei
Teilmengen A und B von Feldern geben, sodass wir die gesuchte Invariante nach folgender Vorschrift erhalten: Wir addieren die Werte der Felder in A und das Doppelte der Werte
der Felder in B (oder, in unserer mod-3-Arithmetik, wir sub-
trahieren die Werte der Felder in B von den Werten der Felder
in A).

Aus den früheren Überlegungen folgt, dass zu jedem Feld
in A, das Feld, das entlang einer Diagonalen um drei Schritte
entfernt ist (es gibt immer genau ein solches), in B sein muss
und umgekehrt. Ausgehend von dieser Überlegung sowie der
Bedingung, dass wir zu jedem möglichen Quadrat die gleiche
Anzahl (modulo 3) von Feldern in A und in B haben müssen,

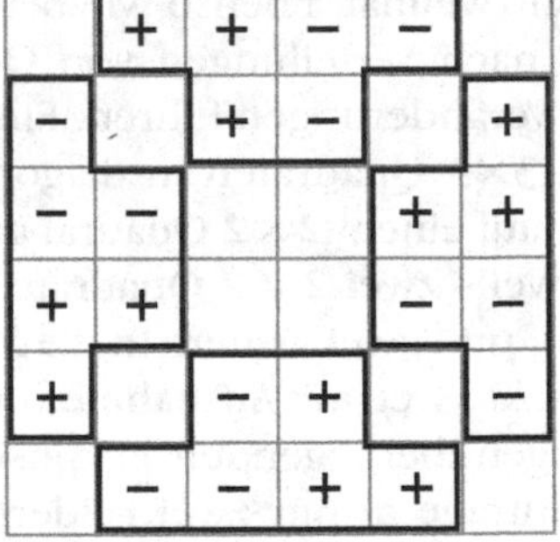

Abb. 7.2 Die Mengen A (Felder mit einem „+" Zeichen) und B („–").

gelangt man auf eine etwas willkürlich erscheinende Weise zu dem erstaunlichen Muster in Abb. 7.2, bei dem die Punkte in A durch „+" und die Punkte in B durch „−" gekennzeichnet sind. Die Behauptung ist nun: Die Summe der Werte in den „+"-Feldern minus der Summe der Werte in den „−"-Feldern kann sich nicht ändern. Daraus folgt, dass wir nie von einer Konfiguration, bei der diese Summe nicht 0 ist, zu einer Konfiguration gelangen können, bei der alle Werte 0 sind.

Ein einfacher Bluff

Von diesem Rätsel erfuhr ich von Jeremy Thorpe und Louise Foucher vom Caltech, allerdings finden sich in vielen Büchern ähnliche Bluff-Spiele.

Zunächst stellen wir fest, dass Louise auf keinen Fall ihren erhöhten Einsatz verlieren kann, wenn Sie tatsächlich ein Pik gezogen hat. Die „reinen" Strategien (wenn Louise immer dasselbe machen möchte) wären somit

- „ehrlich": nur erhöhen, wenn sie ein Pik hat,
- „unverfroren": bluffen und immer erhöhen.

Wenn Louise erhöht hat, gibt es für Jeremy ähnliche Möglichkeiten:

- „vorsichtig": immer aussteigen,
- „mutig": immer mitgehen.

Die Wahrscheinlichkeit, ein Pik zu ziehen, ist gleich 1/4. Bei der Kombination „ehrlich" gegen „vorsichtig" gewinnt Louise $1 in 1/4 der Fälle, und in den anderen Fällen gewinnt Jeremy $1. Pro Spiel gibt es also einen mittleren Gewinn von $0,50 für Jeremy. „Ehrlich" gegen „mutig" bringt Louise einen Gewinn von $11, wenn sie Pik gezogen hat, andernfalls verliert sie $1. Ihr mittlerer Gewinn beträgt somit $\frac{1}{4} \cdot \$11 - \frac{3}{4} \cdot \$1 = \$2$.

Andererseits gewinnt Louise bei „unverfroren" gegen „vorsichtig" immer $1, während die Kombination „unverfroren" gegen „mutig" für Louise einen mittleren Verlust von $\frac{3}{4} \cdot \$11 - \frac{1}{4} \cdot \$11 = \$5,55$ zur Folge hat.

Wenn wir diese Gewinne und Verluste in eine 2×2 Spielmatrix eintragen, ergibt sich für keinen der beiden Spieler eine bevorzugte reine Strategie. Wie man auch intuitiv vermuten würde, bevorzugen beide Spieler in diesem Fall Strategien mit zufallsverteilten Entscheidungen.

Aus den Arbeiten von Johann von Neumann (lange vor John Nash) wissen wir, dass es für dieses Spiel ein *Nash-Gleichgewicht* gibt. Das bedeutet, jeder Spieler verfolgt konstant eine Strategie, und keiner der beiden Spieler kann durch eine Änderung seiner Strategie eine Verbesserung erreichen, sofern der andere Spiele seine Strategie nicht ändert. Wir können uns überlegen, was das von Louises Standpunkt aus bedeutet: Wenn sie keinen Grund hat, ausschließlich entweder „ehrlich" oder „unverfroren" zu sein, so liegt das daran, dass es ihr im Durchschnitt gleichgültig ist, ob Jeremy mitgeht oder aussteigt.

Angenommen, Louise entscheidet sich, in den Fällen, in denen sie kein Pik hat, mit der Wahrscheinlichkeit p zu bluffen. Gegen „vorsichtig" kann sie dann im Durchschnitt folgenden Betrag gewinnen: $\frac{1}{4} \cdot \$1 + p \cdot \frac{3}{4} \cdot \$1 - (1-p) \cdot \frac{3}{4} \cdot \$1 = \$(\frac{3}{2}p - \frac{1}{2})$, und gegen „mutig" folgenden Betrag: $\frac{1}{4} \cdot \$11 - p \cdot \frac{3}{4} \cdot \$11 - (1-p) \cdot \frac{3}{4} \cdot \$1 = \$(2 - \frac{15}{2}p)$.

Wenn es Louise egal ist, welche Strategie Jeremy verfolgt, dann bedeutet dies, dass die beiden Beträge gleich sind, was uns auf die Lösung $p = 5/18$ führt. Louise sollte also in $5/18$ der Fälle, in denen sie kein Pik hat, bluffen, und natürlich immer erhöhen, wenn sie ein Pik hat. Unabhängig von Jeremys Strategie ist dann ihre Gewinnerwartung:

$$\$ \left(\frac{3}{2} \cdot \frac{5}{18} - \frac{1}{2} \right) = \$ \left(2 - \frac{15}{2} \cdot \frac{5}{18} \right) = -\$ \frac{1}{12}.$$

Im Mittel verliert Louise also $\frac{1}{12}$ Dollar pro Spiel.

Eine kurze Überlegung zeigt uns, dass eine Erhöhung des Wetteinsatzes auf mehr als $10 für Louise von Vorteil ist, allerdings wird es für sie nie zu einem fairen Spiel. Auf lange Sicht wird Louise immer verlieren, denn sie kann es sich nicht leisten, in einem Drittel der Fälle (oder gar häufiger), in denen sie kein Pik hat, zu bluffen. Würde sie das nämlich tun, wäre von Jeremys Standpunkt aus die Wahrscheinlichkeit, dass sie tatsächlich Pik hat, wenn sie erhöht hat, höchstens ein halb, und er könnte immer mitgehen. Louise würde in den Fällen, in denen sie erhöht, weder gewinnen noch verlieren, aber in den Fällen, in denen sie nicht erhöht, $1 verlieren. Im Durchschnitt verliert sie also. Ist jedoch $p < \frac{1}{3}$, dann verliert sie gegenüber Jeremys „vorsichtiger" Strategie, denn sie verliert ihren Mindesteinsatz häufiger als dass sie den von Jeremy gewinnt.

Es spielt hier eine wesentliche Rolle, dass die Wahrscheinlichkeit für Pik gerade ein Viertel ist. Wäre diese Wahrscheinlichkeit auch nur etwas höher (beispielsweise, wenn die Herz Dame vorab aus dem Deck entfernt würde), dann führte ein genügend hoher Wetteinsatz im Durchschnitt zu einem Gewinn für Louise.

Kehren wir nochmals zu dem ursprünglichen Wetteinsatz von $10 zurück. Wir können in diesem Fall auch Jeremys Gleichgewichtsstrategie berechnen (obwohl danach nicht gefragt war). Angenommen, Jeremy geht immer dann, wenn Louise erhöht hat, mit einer Wahrscheinlichkeit q mit. Gegen die „ehrliche" Strategie von Louise gewinnt Jeremy unterm Strich $\frac{3}{4} \cdot \$1 - \frac{1}{4} \cdot q \cdot \$11 - \frac{1}{4} \cdot (1-q) \cdot \$1 = \$(\frac{1}{2} - \frac{5}{2}q)$. Gegen ihr „unverfrorenes Bluffen" streicht er durchschnittlich $\frac{3}{4} \cdot q \cdot \$11 - \frac{1}{4} \cdot q \cdot \$11 - (1-q) \cdot \$1 = \$(\frac{13}{2}q - 1)$ ein. Setzen wir diese beiden Werte wieder gleich, erhalten wir $q = \frac{3}{18}$. Jeremy sollte also nur in $\frac{3}{18}$ der Fälle mitgehen. Wir setzen $q = \frac{3}{18}$ in die Formeln für seinen Gewinn ein und sehen, dass Jeremy im Mittel $\$\frac{1}{12}$ pro Spiel gewinnt, wie es

auch sein sollte, da Louise den entsprechenden Betrag verliert.

Chinesisches Nim

Dieses Spiel ist sowohl unter dem Namen „Chinesisches Nim"
als auch als „Wythoff-Spiel" bekannt, und es erschien 1907 in
dem Artikel [58]. An mehreren Stellen wird es in Band I und
II des Klassikers *Winning Ways for your Mathematical Plays*
von Elwyn R. Berlekamp, John H. Conway und Richard K.
Guy [4] diskutiert. Die Beziehung zu dem früheren Rätsel der
Zwei Blinker (fast) im Takt ist Serge Tabachnikov in seinem
netten Buch *Geometry and Billiards* [53] aufgefallen. Keines
der beiden Bücher leitet die Gewinnstrategie jedoch her.

In dem Spiel von Alex und Beth ist jede Verteilung $\{x,y\}$
der Erbsen entweder eine Gewinn- oder eine Verlustkonfiguration für den Spieler, der als Nächstes an der Reihe ist, vorausgesetzt, beide Spieler spielen optimal. Ähnlich wie beim
klassischen Nim ist es leichter, die Verlustkonfigurationen zu
charakterisieren, weil es weniger von ihnen gibt.

Kennt man die Verlustkonfigurationen, lässt sich auch eine optimale Strategie entwickeln. Wenn Alex beispielsweise eine Gewinnkonfiguration vor sich hat, so bedeutet das,
dass er in einem Zug daraus eine Verlustkonfiguration für
Beth machen kann. Wenn er eine Verlustkonfiguration vor
sich hat, kann er nur darauf hoffen, dass Beth einen Fehler
macht, oder aber ihr großzügiges Angebot annehmen, sie zuerst spielen zu lassen. Aus der Kenntnis der Verlustkonfigurationen kann man somit eine Strategie ableiten. Zunächst
hat es jedoch den Anschein, als ob man sich im Kreis bewegt:
Müssen wir die richtige Strategie nicht schon kennen, bevor
wir die Verlustkonfigurationen bestimmen können? Da die
Anzahl der Erbsen immer abnimmt, können wir jedoch zum
Glück den umgekehrten Weg gehen, und uns von hinten vor-
arbeiten.

Jede Konfiguration, bei der einer der Haufen leer ist oder bei der beide Haufen gleich viele Erbsen enthalten ist in jedem Fall eine Gewinnkonfiguration. Die einfachste Verlustkonfiguration ist offenbar $\{1,2\}$. Auch die nächsten Verlustkonfigurationen lassen sich leicht bestimmen: $\{3,5\}$, $\{4,7\}$ und $\{6,10\}$. Erkennen Sie ein Muster?

Es seien $\{x_1, y_1\}, \{x_2, y_2\}, \ldots$ die Verlustkonfigurationen für den ersten Spieler (wobei $\{0,0\}$ nicht gezählt wird) mit $x_i < y_i$ und $x_i < x_j$ für $i < j$. Man beachte, dass für $i \neq j$ nicht $x_i = x_j$ gelten kann, denn in diesem Fall könnte Alex den größeren Wert von y_i und y_j auf den kleineren reduzieren, womit Beth eine Verlustkonfiguration vor sich hätte; ein Widerspruch zu unserer Annahme.

Etwas Überlegung führt auf folgende Beobachtung: Sind $\{x_1, y_1\}$ bis $\{x_{n-1}, y_{n-1}\}$ gegeben, dann ist x_n die kleinste positive Zahl, die nicht zu der Menge $\{x_1, \ldots, x_{n-1}\} \cup \{y_1, \ldots, y_{n-1}\}$ gehört, und es gilt $y_n = x_n + n$. Damit muss y_n größer sein als jede andere Zahl in der Menge $\{x_1, \ldots, x_{n-1}\} \cup \{y_1, \ldots, y_{n-1}\}$.

Der Beweis erfolgt durch vollständige Induktion über n. Wir haben bereits gesehen, dass x_n nicht zu den Zahlen $\{x_1, \ldots, x_{n-1}\} \cup \{y_1, \ldots, y_{n-1}\}$ gehören kann, und dass es zu einem x_n auch nur ein y_n geben kann. Wir müssen also nur noch zeigen, dass $\{x_n, y_n\}$ tatsächlich eine Verlustkonfiguration für Alex ist.

Wenn $\{x_n, y_n\}$ eine Gewinnkonfiguration für Alex wäre, müsste man sie auf ein $\{x_i, y_i\}$ für $i < n$ zurückführen können. Doch wir können zu dieser Konfiguration nicht gelangen, indem wir von dem kleineren Haufen eine Anzahl Erbsen wegnehmen, und auch nicht, indem wir von beiden Haufen gleich viele Erbsen wegnehmen, denn in beiden Fällen wäre die Differenz zwischen den beiden Haufen immer noch n oder größer. Alex kann auch von dem größeren Haufen keine Erbsen wegnehmen, denn dann müsste es zu demselben x ein zweites y geben. Also ist $\{x_n, y_n\}$ tatsächlich eine Verlustkonfiguration.

Mit dieser Einsicht können wir eine beliebig lange Liste von Verlustkonfigurationen erstellen, und Alex' Strategie ist vorgegeben: Bei einer Verlustkonfiguration $\{x_i, y_i\}$ nimmt er ein oder zwei Erbsen weg und hofft auf einen Fehler. Hat er eine Konfigurationen $\{x_i, z\}$ mit $z > y_i$ vor sich, verkleinert er z auf y_i. Liegt eine Konfiguration $\{x_i, z\}$ vor, wobei $x_i < z < y_i$, d.h., die Differenz $d = z - x_i$ ist kleiner als i, dann nimmt er von beiden Haufen gleich viele Erbsen weg, bis er zu $\{x_d, y_d\}$ gelangt (falls $z = y_j$ für ein $j < i$, kann er auch einfach x_i auf x_j reduzieren). Und wenn er $\{y_i, z\}$ mit $y_i \leq z$ vor sich hat, kann er (unter anderem) z verkleinern, bis er zu x_i gelangt (in manchen Fällen gibt es noch andere Möglichkeiten).

Wenn auf jedem Haufen mehrere tausend Erbsen liegen, dauert es möglicherweise eine ganze Weile, bis man alle Verlustkonfigurationen berechnet hat. Gibt es eine direkte Möglichkeit, die Verlustkonfigurationen zu charakterisieren?

Nun, Sie wissen, dass x_n für jedes n irgendwo zwischen n und $2n$ liegt, denn ihm gehen alle x_i für $i < n$ voran und außerdem *einige* der y_i. Man kann vernünftigerweise annehmen, dass x_n ungefähr gleich rn ist, wobei r irgendeinem Verhältnis zwischen 1 und 2 entspricht. Stimmt diese Annahme, wäre y_n ungefähr gleich $rn + n = (r + 1)n$.

Wenn diese Überlegungen richtig sind, sollten die n Werte von x_i mehr oder weniger gleichverteilt zwischen 1 und n liegen, und für einen Anteil von $r/(r + 1)$ von ihnen sollte auch das zugehörige y_i kleiner als x_n sein. Diese machen zusammen mit den n x_i's sämtliche Zahlen unter x_n aus. Damit erhalten wir eine Gleichung

$$n + n\frac{r}{r + 1} = nr,$$

aus der wir $r + 1 = r^2$ oder $r = (1 + \sqrt{5})/2$ berechnen können. r entspricht also dem berühmten „goldenen Schnitt".

Vielleicht haben Sie nun folgende geniale Einsicht: r ist eine irrationale Zahl und genügt der Bedingung $\frac{1}{r} + \frac{1}{r^2} = 1$; damit können r und $r^2 (= r + 1)$ die Rollen von p und q aus der Lösung von *Zwei Blinker (fast) im Takt* aus Kapitel 3 übernehmen. Dort hatten wir gesehen, dass jede positive Zahl eindeutig *entweder* als $\lfloor pm \rfloor$ für eine ganze Zahl m oder als $\lfloor qn \rfloor$ für eine ganze Zahl n dargestellt werden kann.

Damit liegt die Vermutung nahe, dass x_n vielleicht exakt gleich $\lfloor rn \rfloor$ ist, und entsprechend y_n exakt gleich $\lfloor r^2 n \rfloor$. Diese beiden Werte haben offensichtlich die Eigenschaft, dass jedes x_n gleich der kleinsten positiven Zahl ist, die nicht zu den Mengen $x_i, \ldots, x_{n-1}$ oder $y_1, \ldots, y_{n-1}$ gehört, da es andernfalls keine Möglichkeit mehr gäbe, wieder zurückzukommen und diese kleinste Zahl darzustellen. Wir müssen uns nur noch davon überzeugen, dass $\lfloor r^2 n \rfloor - \lfloor rn \rfloor = n$. Das ist jedoch leicht: $r^2 n - rn$ ist exakt gleich der ganzen Zahl n, somit muss die Differenz der nächstgelegenen ganzen Zahlen kleiner oder gleich dieser Zahlen ebenfalls gleich n sein. Fertig!

Als Beispiel bestimmen wir die Züge von Alex für die angegebenen Werte. $12\,000/r$ ist um einen Bruchteil kleiner als 7417, genauer gilt $7417r = 12\,000{,}9581\ldots$. Somit ist $12\,000$ ein x_i, nämlich x_{7417}. Das zugehörige y_{7417} ist $\lfloor 7417 r^2 \rfloor = 19\,417$. Wenn der andere Haufen also $20\,000$ Erbsen hat, kann Alex gewinnen, indem er $20\,000 - 19\,417 = 583$ Erbsen wegnimmt. Wenn auf dem anderen Haufen nur $19\,000$ Erbsen liegen, kann Alex gewinnen, indem er stattdessen beide Haufen auf $\{x_{7000}, y_{7000}\} = \{11\,326, 18\,326\}$ reduziert.

8 Besuch bei alten Freunden

*Sollte denn alte Bekanntschaft vergessen sein und
ihrer nicht mehr gedacht werden?*

Robert Burns (1759–1796)

Ebenso wie guter Wein können auch Rätsel mit der Zeit reifen und neue, aufregende Varianten entwickeln, oder es finden sich elegantere Lösungen zu alten Varianten. Dieses Kapitel enthält einige Knobeleien, die Ihnen vielleicht vertraut vorkommen; doch selbst, wenn Sie eines von ihnen in guter Erinnerung zu haben glauben, sind Sie vermutlich von den neuen Wendungen überrascht.

Eine der bekanntesten Figuren im Reich der Rätsel ist ein Logiker, der seine Ferien gerne in der Südsee verbringt. Martin Gardner behauptet (siehe seine erste *Scientific American* Sammlung [22]), dass sich dieser Logiker ständig verirrt und die Einheimischen nach der Richtung fragen muss.

Drei Einheimische an der Weggabelung

Martin Gardners Logiker ist wieder einmal unterwegs in der Südsee, steht an einer Weggabelung und möchte wissen, welche der beiden Wege zurück ins Dorf führt. Diesmal sind drei hilfsbereite Einheimische anwesend, einer vom Stamm der uneingeschränkten Wahrheitssager, einer vom Stamm der uneingeschränkten Lügner, und einer vom Stamm der Zufallsantworter. Natürlich weiß der Logiker nicht, wer von welchem Stamm ist; außerdem darf er nur zwei „Ja-oder-Nein"-Fragen stellen, und jede Frage nur an einen der Einheimischen richten. Kann er die gesuchte Information erhalten? Gibt es eine Chance, wenn er nur *eine* „Ja-oder-Nein"-Frage stellen darf?

Das nächste Rätsel ist ein schönes Beispiel für eine Klasse von Rätseln, bei denen es um „Wissen über Wissen" geht.

Selbstmorde in Punktstadt

Jeder Bewohner von Punktstadt hat einen dicken roten oder blauen Punkt auf seiner (oder ihrer) Stirn. Sobald jedoch eine Person zu wissen glaubt, welche Farbe ihr Punkt hat, bringt sie sich um. Jeden Tag kommen die Bewohner zusammen. Eines Tages kommt ein Fremder und sagt ihnen etwas – *irgendetwas* – nicht-triviales über die Anzahl der blauen Punkte. Beweisen Sie, dass sich schließlich jeder Einwohner umbringen wird.

Anmerkung: Nicht-trivial bedeutet in diesem Fall, dass es eine Anzahl von blauen Punkten gibt, für die die Behauptung wahr ist, und dass die Behauptung für jede andere Anzahl falsch ist. Wir nehmen jedoch *nicht* an, dass der Fremde notwendigerweise die Wahrheit sagt! Die Bewohner von Punktstadt sind jedoch von Hause aus alle leichtgläubig und glauben alles, was sie hören, es sei denn, sie sehen mit eigenen Augen, dass es falsch ist.

Vielleicht erinnern Sie sich noch an das „infizierte Schachbrett" aus meinem früheren Buch *Mathematische Rätsel für Liebhaber* [57], ein wunderbares Rätsel, bei dem Sie beweisen sollen, dass ein $n \times n$ Schachbrett nicht vollständig infiziert wird, wenn zu Beginn weniger als n Felder krank sind, wobei ein Feld dann angesteckt wird, wenn zwei oder mehr seiner unmittelbaren (nicht diagonalen) Nachbarn infiziert sind. Dass n kranke Felder ausreichen, lässt sich leicht zeigen; man nehme einfach die Diagonale.

Was passiert in mehr als zwei Dimensionen?

Infizierte Hyperwürfel

Unter den n^d Hyperwürfeln eines d-dimensionalen $n \times n \times \cdots \times n$ Hyperwürfels breite sich nach folgender Regel eine ansteckende Krankheit aus: Hat ein Hyperwürfel d oder mehr kranke Nachbarn, wird er selbst krank. (Nachbarschaftsverhältnisse beziehen sich nur auf unmittelbare Nachbarn, d. h., jeder kleine Hyperwürfel hat höchstens $2d$ Nachbarn.)

Beweisen Sie, dass sich der ganze Hyperwürfel anstecken *kann*, wenn zu Beginn nur n^{d-1} kranke Hyperwürfel vorliegen.

Rätsel, bei denen Gefangene einen roten oder blauen Hut tragen, die Farben der Hüte ihrer Mitgefangenen sehen und nun auf die Farbe ihres eigenen Hutes schließen müssen, haben für einigen Wirbel gesorgt. Eine Variante gab sogar Anlass für einen Artikel in der *New York Times*. In diesem Fall hatte jeder Gefangene die Wahl, ob er die eigene Farbe raten möchte oder nicht. Alle Gefangenen wurden hingerichtet, sofern nicht mindestens einer der Gefangenen sich für's Raten entschieden hat und alle, die geraten haben, auch richtig lagen.

Wie immer dürfen sich die Gefangenen vorher absprechen, allerdings dürfen Sie sich in keiner Weise mehr austauschen, nachdem sie ihre Hüte sichtbar tragen.

Zunächst hat man bei dieser Variante den Eindruck, dass die Gefangenen eine 50%ige Überlebenschance haben, wenn sie vorher eine einzige Person bestimmen, die ihre eigene Hutfarbe raten muss. Doch es geht besser: n Gefangene können die Wahrscheinlichkeit für eine Hinrichtung auf $1/n$ drücken.

Sollten Sie diese Art von Rätsel abstoßend unrealistisch finden, halten Sie sich zurück: Im Vergleich zu den folgenden Varianten scheinen die alten Versionen geradezu aus dem Leben gegriffen.

Hüte und Unendlichkeit

In einer Gruppe von unendlich vielen Gefangenen (durchnummeriert $1, 2, \ldots$) wird jedem ein roter oder blauer Hut aufgesetzt. Auf ein bestimmtes Signal hin treten die Gefangenen hervor und werden für die anderen sichtbar, sodass jeder die Hutfarbe seiner Mitgefangenen sehen kann, allerdings ist keine Form der Kommunikation mehr erlaubt. Jeder Gefangene wird dann zur Seite genommen und gefragt, welche Farbe sein eigener Hut hat.

Die Gefangenen überleben, wenn nicht mehr als *endlich viele* von ihnen falsch geraten haben, andernfalls werden sie hingerichtet. Die Gefangenen dürfen sich vorher absprechen. Gibt es eine Überlebensstrategie?

Anmerkung: Dieses Rätsel ist einfacher als das zu Beginn des Kapitels beschriebene. Es gibt keine Möglichkeit, die Antwort zu verweigern, es gibt keinen Parameter und auch keine Frage nach irgendeiner Wahrscheinlichkeit. Wir suchen eine klare Strategie zum Überleben. Es wird allerdings angenom-

men, dass jeder Gefangene sämtliche Hüte sehen und diese
Information innerhalb einer endlichen Zeit verarbeiten kann,
um zu seiner Antwort zu gelangen.

Alles richtig oder alles falsch

Die Umstände sind wieder dieselben, aber die Bedingungen
für's Überleben sind andere: Die Antworten müssen entweder *alle richtig* oder *alle falsch* sein. Gibt es eine Gewinnstrategie?

Anmerkung: Die endliche Variante dieses Rätsels ist vergleichsweise einfach: Die Gefangenen können beispielsweise beschließen, dass jeder die eigene Hutfarbe unter der Annahme schätzt, dass die Gesamtzahl der roten Hüte gerade
ist. *Wenn* die Anzahl tatsächlich gerade ist, raten alle richtig;
andernfalls liegen alle falsch. Wenn im unendlichen Fall die
Anzahl der roten Hüte jedoch ebenfalls unendlich ist, wie
können sie dann entscheiden, ob es eine gerade Anzahl gibt?

Wir kehren wieder zu endlich vielen Gefangenen zurück,
doch die Hüte werden nun durch Zahlen ersetzt.

Zahlen auf der Stirn

Diesmal wurde jedem von 10 Gefangenen eine Zahl zwischen 0 und 9 auf seine Stirn gemalt (es könnte aber auch bei
allen die Zahl 2 sein). Zu einem bestimmten Zeitpunkt werden die Zahlen für alle anderen sichtbar, anschließend werden die Gefangenen wieder beiseite genommen und nach
der eigenen Zahl befragt.

Zur Vermeidung einer Massenhinrichtung muss mindestens ein Gefangener richtig geraten haben. Wie immer dürfen sich die Gefangenen vorher absprechen. Zeigen Sie, dass

es eine Strategie gibt, mit der sie mit Sicherheit Erfolg haben werden.

Der farbenblinde Gefangene

Leider gibt es für die Gefangenen des vorherigen Rätsels ein Problem: Einer von ihnen (Shrek) hat eine grüne Hautfarbe, und die Zahlen werden in roter Farbe geschrieben. Der Gefangene Mike ist farbenblind und kann rot und grün nicht unterscheiden. Mike muss daher sein Urteil auf der Grundlage von nur 8 sichtbaren Zahlen fällen. Alle anderen Gefangenen, einschließlich Shrek, können alle 9 Zahlen außer ihrer eigenen sehen. *Ihre* Aufgabe besteht nun darin zu zeigen, dass die Gefangenen keine Möglichkeit mehr haben, die Hinrichtung mit absoluter Sicherheit zu vermeiden.

Für das letzte Gefangenenrätsel kombinieren wir Hüte und Zahlen.

Zahlen und Hüte

Auf der Stirn von jedem von n Gefangenen steht eine andere reelle Zahl, und jeder Gefangene sieht die Zahlen der anderen aber nicht seine eigene. Wie üblich, dürfen sich die Gefangenen, nachdem sie die Zahlen gesehen haben, nicht mehr besprechen. Allerdings darf nun jeder Gefangene für sich einen Hut (rot oder blau) wählen.

Es soll erreicht werden, dass die Farben der Hüte in aufsteigender Reihenfolge der reellen Zahlen alternieren.

Wie können die Gefangenen, die vorher wieder eine Strategie ausarbeiten dürfen, ihre Erfolgsaussichten maximieren?

Wir beenden unsere Reise ins Land der alten Rätsel mit einem Puzzle, das mindestens bis in die Mitte des neunzehnten Jahrhunderts zurückreicht, allerdings erst im Jahre 2006 gelöst wurde. Sie werden nicht gebeten, die Richtigkeit Ihrer Lösung zu beweisen (obwohl Sie es natürlich gerne versuchen dürfen) – fünf Mathematiker waren dafür notwendig, und selbst jetzt ist die Lösung nur bis auf einen konstanten Faktor bekannt. Schon eine begründete Vermutung ist in diesem Fall ein guter Test Ihrer Intuition.

Ziegelturm

Wie weit kann ein Turm aus n Ziegelsteinen bestenfalls über eine Tischkante hinausragen?

Anmerkung: Sie dürfen annehmen, dass es sich bei den Ziegelsteinen um reibungsfreie, homogene Quader der Länge 1 handelt. Außerdem sollen sie in einer gemeinsamen vertikalen Ebene in horizontaler Lage gestapelt werden. Es wird jedoch *nicht* gefordert, dass es in jeder waagerechten Schicht nur einen Ziegelstein gibt.

Lösungen und Kommentare

Drei Einheimische an der Weggabelung

Diese Variante des Logikers an der Weggabelung erhielt ich von Vladas Sidoravicius und Senya Shlosman, zwei mathematischen Physikern. Zunächst hat man den Eindruck, der zufällig antwortende Einheimische stelle ein unüberwindbares Problem dar; aber es geht.

Entscheidend ist, dass der *zweite* von Ihnen befragte Einheimische in keinem Fall vom Stamm der Zufallsantworter sein darf. Das ist notwendig, denn Sie werden die Antwort

in keinem Fall nach der ersten Frage kennen, und wenn der
zweite Befrage immer zufällig antwortet, wissen Sie anschließend nicht mehr.

Andererseits reicht dieses Ziel bereits aus, denn Sie können die übliche Frage (an einen Einheimischen, von dem Sie
nicht wissen, ob er notorischer Lügner oder Wahrheitssager
ist) nun als Ihre zweite Frage stellen, etwa in der Art: „Wenn
ich Sie fragen würde, ob Straße 1 in die Stadt führt, würden
Sie mir mit ‚ja‘ antworten?"

Um Ihr Ziel zu erreichen, müssen Sie den Einheimischen
A etwas über den Einheimischen B oder C fragen, und von
dieser Antwort hängt dann ab, ob Sie B oder C die zweite Frage stellen. Die folgende Frage macht es möglich: „Wird B mir
mit größerer Wahrscheinlichkeit die Wahrheit sagen als C?"

Es mag zunächst überraschen, aber Sie wählen C, wenn A
mit „ja" antwortet, und B wenn A „nein" sagt. Ist A nämlich
der Wahrheitssager, dann möchten Sie Ihre zweite Frage an
den Lügner stellen, also an denjenigen, der mit *geringerer*
Wahrscheinlichkeit die Wahrheit sagen wird. Ist A der Lügner,
möchten Sie im zweiten Schritt den Wahrheitssager befragen,
also denjenigen, der mit *größerer* Wahrscheinlichkeit als sein
Kollege die Wahrheit sagt.

Wenn A der Zufallssager ist, spielt es keine Rolle, ob Sie
Ihre nächste Frage an B oder C richten.

In den Kolumnen von Martin Gardner wurde betont, dass
es bei dem ursprünglichen Problem (mit einer Frage an einen
Einheimischen) noch nicht einmal wichtig ist, ob der Logiker
sich daran erinnert, welches der einheimischen Worte (an-
geblich „pish" und „tush") die Bedeutung „ja" bzw. „nein"
hat. Leser auf der Suche nach weiteren Herausforderungen
können die oben angegebene Situation ähnlich verallgemeinern.

Wenn der Zufallssager für seine Antwort „ja" oder „nein"
im Geiste eine Münze wirft, ist es unmöglich, mit nur *einer*
Frage herauszufinden, welche Straße in die Stadt führt. Wir

können jedoch auch annehmen, dass er sich bei seiner Antwort bewusst für eine Lüge oder die Wahrheit entscheidet und anschließend seine Entscheidung durch sorgfältig überlegte Antworten stützt. Anupam Jain von der University of Southern California schlägt dem Logiker folgende Frage vor:

Wenn ich mich unter den anderen beiden an denjenigen wenden würde, bei dem der Wahrheitsgehalt seiner Antwort die geringste Wahrscheinlichkeit hat, mit dem Wahrheitsgehalt Deiner Antwort übereinzustimmen, und ihn fragen würde, ob Straße 1 in die Stadt führt, würde er mit „ja" antworten?

Die Behauptung ist, dass bei der Antwort „nein" Straße 1 der richtige Weg ist, andernfalls ist es Straße 2.

Angenommen, Straße 1 sei der richtige Weg.

Der kritische Fall tritt ein, wenn der Logiker diese Frage an den Zufallsantworter richtet. Wenn der Zufallsantworter sich entschlossen hat, bei der Antwort zu dieser Frage zu lügen, dann würde der Wahrheitsgehalt der Antwort des Wahrheitssagers weniger wahrscheinlich mit dem Wahrheitsgehalt der Antwort übereinstimmen. Der Wahrheitssager würde mit „ja" antworten, also antwortet der Zufallsantworter mit „nein", da er beschlossen hat zu lügen.

Hat der Zufallssager sich entschlossen, bei dieser Antwort die Wahrheit zu sagen, dann ist der Wahrheitsgehalt der Antwort des *Lügners* weniger wahrscheinlich identisch mit dem Wahrheitsgehalt der Antwort. Der Lügner würde mit „nein" antworten, und da der Zufallssager sich entschlossen hat, die Wahrheit zu sagen, wird er ebenfalls mit „nein" antworten.

Spricht der Logiker den Wahrheitssager an, ist es der Lügner, bei dessen Antwort der Wahrheitsgehalt am wenigsten wahrscheinlich mit dem Wahrheitsgehalt seiner Antwort übereinstimmt, und er wird sagen, dass der Lügner mit „nein" antworten würde.

Wäre umgekehrt Straße 2 der richtige Weg, lauteten alle Antworten „ja".

Selbstmorde in Punktstadt

Dieses ungewöhnliche „Wissen-über-Wissen"-Rätsel erhielt ich von Nick Reingold von den AT&TLabs. Seit vielen Jahrzehnten kursieren verschiedene (teilweise noch geschmacklosere) Varianten dieses Rätsels.

Der ein oder andere Leser ist möglicherweise schon einmal einem Sonderfall dieses Rätsels begegnet, bei dem alle Bewohner einen blauen Fleck auf der Stirn haben und der Fremde lediglich sagt „Es gibt mindestens einen blauen Fleck".

Überraschend ist in diesem Fall, dass nicht einfach *irgendeine* Bemerkung des Fremden fatale Folgen hat, sondern dass sogar eine Bemerkung, *von der jeder weiß, dass sie falsch ist*, für die Bewohner tödlich wird. Wir werden das weiter unten beweisen, doch zur besseren Verständlichkeit betrachten wir zunächst einen kleinen Sonderfall.

Angenommen, es gibt nur drei Einwohner, von denen alle einen blauen Punkt haben, und der Fremde behauptet: „Alle Punkte sind rot". Jeder sieht, dass der Fremde lügt, doch Bewohner 1 denkt: Falls mein Punkt rot ist, dann sieht Bewohner 2 meinen roten Punkt (sowie den blauen von Bewohner 3) und müsste sich fragen, ob Bewohner 3 vielleicht zwei rote Punkte sieht. Sollte das der Fall sein, wird Bewohner 3 dem Fremden glauben und sich umbringen, obwohl sein eigener Punkt blau ist. Wenn das nicht passiert, müsste Bewohner 2 daraus schließen, dass Bewohner 3 nur einen roten Punkt gesehen hat, und sich daher in der zweiten Nacht umbringen. Da keines dieser beiden Ereignisse eintritt, schließt Bewohner 1, dass Bewohner 2 keinen roten Punkt sieht, daher weiß Bewohner 1, dass sein eigener Punkt blau ist, und er wird sich in der dritten Nacht umbringen (ebenso wie die beiden anderen Bewohner, die dieselben Überlegungen anstellen).

Für den Beweis des allgemeinen Falles führen wir zunächst eine Notation ein. Es sei $S \subset \{0, 1, \ldots, n\}$ die Menge der Zahlen x mit folgender Eigenschaft: Wenn es x blaue Punkte unter den n Bewohnern von Punktstadt gibt, dann ist die Behauptung des Fremden wahr. Unsere Annahme der Nicht-Trivialität bedeutet, dass S eine echte, nicht-leere Teilmenge ist. Es sei b die tatsächliche Anzahl blauer Punkte, wobei es keine Rolle spielt, ob b in S liegt oder nicht.

Für den Bewohner i sei B_i die Menge der möglichen Zahlen von blauen Punkten aus seiner Sicht. Vor dem Besuch des Fremden ist $B_i = \{b_i, b_i + 1\}$, wobei b_i die Anzahl der blauen Punkte ist, die i bei seinen Mitbewohnern sieht.

Wenn zu irgendeinem Zeitpunkt B_i nur noch eine Zahl enthält, ist Bewohner i erledigt. Das passiert sofort, wenn $|B_i \cap S| = 1$, es kann auch passieren, nachdem sich irgendwelche Selbstmorde ereignet haben. Dazu überlegen wir uns zunächst, dass sich alle Bewohner mit derselben Punktfarbe gleich verhalten, denn sie sehen alle dieselbe Anzahl von Punkten. Wenn also Bewohner i beobachtet, dass sich irgendjemand umgebracht hat, darf er (richtig) daraus schließen, dass sich die Farbe des Punkts bei dieser Person von der Farbe seines Punkts unterscheidet. Somit kennt er die Farbe des eigenen Punkts und muss sich umbringen.

Es seien S und b gegeben. Wir definieren $d(b)$ als die Anzahl der Schritte (Zuwächse oder Verluste um 1), die notwendig sind, um b über die Grenze von S zu bringen. Mit anderen Worten, $d(b)$ ist gleich dem kleinsten k, sodass $b + k$ oder $b - k$ in der Menge $\{0, 1, \ldots, n\}$ ist, aber innerhalb von S (wenn b nicht in S liegt) oder außerhalb von S (falls b in S liegt).

Angenommen, $n = 10$ und $S = \{0, 1, 2, 9, 10\}$, dann sind $d(0) = 3, d(1) = 2, d(2) = d(3) = 1, d(4) = 2, d(5) = d(6) = 3, d(7) = 2, d(8) = d(9) = 1$ und $d(10) = 2$.

Wie schon erwähnt, gibt es für den Fall $d(b) = 1$ bereits in der ersten Nacht die ersten Selbstmorde. Die Behauptung lautet nun, dass ganz allgemein die ersten Selbstmorde genau in der Nacht $d(b)$ auftreten.

Der Beweis erfolgt mithilfe vollständiger Induktion bezüglich $d(b)$. Wir nehmen an, die Behauptung sei richtig für
alle $d(b) < t$, und nun sei $d(b) = t > 1$. Am Tag nach der $t-1$.
Nacht haben immer noch keine Selbstmorde stattgefunden,
und daher weiß jeder, dass $d(b) \geq t$. Wenn jedoch $d(b) = t$,
dann ist entweder $d(b-1)$ oder $d(b+1)$ gleich $t-1$. Im ersten Fall können alle Bewohner mit blauen Punkten, die $b-1$
blauen Punkte sehen und somit auf b (die tatsächliche Anzahl) oder $b-1$ blaue Punkte schließen müssen, den Fall $b-1$
ausschließen und sind somit verloren. Im anderen Fall können die Personen mit roten Punkten den Fall $b+1$ ausschlie
ßen und müssen sich daher umbringen. Wenn sogar der Fall
$d(b-1) = d(b+1) = t-1$ vorliegt, überlebt kein Bewohner
die kommende Nacht.

Da $d(b)$ höchstens gleich n sein kann, lernen wir aus diesem Beweis, dass in der n. Nacht alle Bewohner verstorben
sein werden. Wir sehen außerdem, dass sie nur in vier Extremfällen so lange überleben können: wenn $b = 0$ und
$S = \{n\}$ oder $\{0, 1, \ldots, n-1\}$ ist, oder wenn $b = n$ und
$S = \{0\}$ oder $\{1, 2, \ldots, n\}$ ist. Die Überlebenszeit ist also am
längsten, wenn der Fremde entweder eine am wenigsten informative richtige Behauptung äußert, oder wenn er die krasseste Lüge erzählt.

Man sollte vielleicht betonen, dass die Definition von $d(b)$
nicht zwischen S und seinem Komplement unterscheidet. Daher spielt es keine Rolle, ob der Fremde die Aussage „X" oder
„Nicht X" macht; das Verhalten der Bewohner von Punktstadt
ist in beiden Fällen dasselbe.

Da die Bewohner von Punktstadt wissen, dass ein Fremder kommen und das „Sprich nicht über Farben"-Tabu brechen wird, kann man sich natürlich fragen, ob sie keine Strategie entwickeln können, um das Unglück zu verhindern.
Beispielsweise könnte jeder, der weiß, dass der Fremde lügt,

aufspringen und diese Information kundtun. Doch eine kurze Überlegung zeigt, dass weder diese noch eine ähnliche Strategie die Stadt retten kann.

Diese Punktstädter sind schon ein empfindliches Völkchen. Doch gerade diese Empfindlichkeit könnte sie vielleicht auch retten. Steve Babbage, ein Manager und Kryptograph bei Vodafone, behauptet, dass die Bewohner die Bemerkungen des fremden Eindringlings auch überleben können, wenn sie einen Selbstmord nicht darauf zurückführen, dass jemand seine eigene Punktfarbe gewusst hat, sondern weil er dem Stress eines Lebens in einer so lebensbedrohlichen Umgebung nicht standgehalten hat.

Infizierte Hyperwürfel

Der Beweis, dass zu Beginn mindestens n^{d-1} Hyperwürfel (der Einfachheit sprechen wir im Folgenden von „Feldern") krank sein müssen, erfolgt ähnlich, wie im zweidimensionalen Fall. Dort hatten wir gezeigt, dass der Umfang der infizierten Fläche nicht zunehmen kann. Im vorliegenden Fall ersetzen wir den Umfang durch den $(d-1)$-dimensionalen „Flächen"-Inhalt der Oberfläche des infizierten Gebiets. Wenn ein neues Feld infiziert wird, können höchstens d seiner $(d-1)$-dimensionalen Seitenflächen zu der Gesamtoberfläche des infizierten Gebiets hinzukommen, wohingegen mindestens d Flächen entfernt werden (die zuvor dieses Feld von seinen bereits infizierten Nachbarn getrennt haben). Also kann diese Fläche wiederum nicht größer werden. Ihr Wert ist schließlich durch die Oberfläche des großen Hyperwürfels gegeben, die $2d \cdot n^{d-1}$ beträgt. Waren zu Beginn k Felder infiziert, kann die anfängliche Oberfläche nicht größer als $k \cdot 2d$ gewesen sein, da jedes Feld $2d$ Flächenelemente hat. Damit muss k mindestens n^{d-1} sein.

Diesmal ist jedoch nicht so offensichtlich, wie man die n^{d-1} anfangs infizierten Felder wählen soll. Matt Cook und

Erik Winfree vom Caltech fanden eine anscheinend geeignete
Möglichkeit, konnten dies allerdings nicht beweisen. Schließlich fand ihr Kollege Len Schulman den folgenden erstaunlichen Beweis (den Winfree mir zuschickte).

Es folgt zunächst die Konstruktion von Matt und Erik. Wir
kennzeichnen die Felder durch Vektoren $(x_1, x_2, \ldots, x_d)$ mit
$x_i \in \{1, 2, \ldots, n\}$. Zwei Felder sind benachbart, wenn sämtliche Koordinaten gleich sind außer einer, für die sich die
Werte um 1 unterscheiden.

Wir wählen eine ganze Zahl k und infizieren sämtliche
Felder, bei denen $\sum_i x_i \equiv k \bmod n$. Diese Felder bilden einen
„diagonalen Unterraum", der jedoch in viele Abschnitte zer-
fällt. Oft hat man den Eindruck, die Infektion kann sich nicht
weiter ausbreiten, und dann geht es scheinbar zufällig doch
irgendwie. Es scheint wie ein Wunder, dass schließlich der
gesamte Hyperwürfel infiziert wird.

Zum Beweis betrachtet Schulman das folgende Spiel, bei
dem die Kräfte, die eine Infektion verhindern könnten, durch
einen gegnerischen Dämon personifiziert werden, der Sie,
den Infizierer, fangen möchte. Wir wählen ein k und beginnen mit der Infektion.

In dem Spiel setzt der Dämon Sie zunächst auf das Feld
$x = (x_1, \ldots, x_d)$. Nun wählt der Dämon einen Richtungsin-
dex i, und Sie können sich entlang dieser Richtung entweder
vor oder zurück bewegen (wenn die i-te Koordinate des Feldes 1 oder n ist, haben Sie keine Wahl). Sie gewinnen, wenn
Sie ein x erreichen können, sodass $\sum_i x_i \equiv k \bmod n$ ist. Der
Dämon hat gewonnen, wenn er Sie für ewig auf Trab halten
kann.

Wir behaupten nun: Wenn es für Sie eine sichere Gewinnstrategie gibt, dann wird der d-dimensionale Hyperwürfel
schließlich vollkommen infiziert sein.

Für den Beweis spezifizieren wir die Behauptung: Wenn
Sie ausgehend von Feld x gewinnen können, wird x selbst
irgendwann infiziert. Der Dämon kann jede beliebige Rich-

tung i wählen, entlang der Sie sich von x aus bewegen dürfen, und eine Gewinnstrategie muss für alle d Richtungen zum Ziel führen. Das bedeutet aber, dass Ihre Strategie auch gewinnt, wenn Sie von jedem der d Nachbarn von x aus starten. Durch Induktion über die Anzahl der Schritte bis zum Gewinn können sämtliche d Nachbarn von x infiziert werden, und damit auch x. Die Induktion beginnt mit dem Fall von 0 Gewinnschritten, d. h., wenn für den Startpunkt x die Summe der Koordinaten gleich k modulo n ist, doch in diesem Fall ist der Startpunkt bereits infiziert.

Nun müssen wir Ihnen noch eine Gewinnstrategie liefern. Schulman bezeichnet die nun folgende Strategie als „Schubkarrenalgorithmus". Für jedes Feld x definieren wir x^* als die Zahl $\frac{1}{2} - k + \sum_i x_i \bmod n$. Der Dämon wählt eine Richtung i, und falls $x_i > x^*$, gehen Sie in die Richtung, in die x_i kleiner wird (und damit auch x^*, allerdings möglicherweise mit einem Sprung von $\frac{1}{2}$ zu $n-\frac{1}{2}$). Wenn andererseits $x_i < x^*$, dann erhöhen sie die Koordinate x_i, sodass auch x^* größer wird, ebenfalls wieder mit einem Sprung von $n-\frac{1}{2}$ zu $\frac{1}{2}$. Aber halt – wenn Sie je auf ein Feld kommen, für dass $x^* = \frac{1}{2}$, haben Sie das Spiel gewonnen!

Damit sind die durch den Algorithmus vorgeschriebenen Züge immer erlaubt, denn Sie werden nie auf ein Feld müssen, für das $x_i = 0$ oder $x_i = n+1$ ist, es sei denn, Sie haben schon gewonnen.

Wir behaupten nun, dass der Dämon Sie nicht ständig im Kreis herumjagen kann. Angenommen, x würde auf ewig einen Kreis durchlaufen, und I sei die Menge der Richtungsindizes, die der Dämon unendlich oft vorgibt. Wir nehmen weiterhin an, dass Sie längst über den Punkt hinaus sind, bei dem noch ein Index vorgeschrieben wird, der nicht in I ist. Es sei y der größte Wert einer Koordinate x_j, die je für ein $j \in I$ erreicht wird. Es sei J die Menge der Indizes in I, die in diesem Augenblick den maximalen Wert y annehmen.

Sollte es vorkommen, dass $x^* > y$, dann erhöhen Sie x^* bei jedem Schritt bis es schließlich den Sprung zu $\frac{1}{2}$ macht und Sie gewonnen haben. Also muss x^* immer kleiner als y sein. Doch welche Richtung $j \in J$ der Dämon auch wählt, Sie verringern x_j zu $y-1$. Damit wird J irgendwann verschwinden und Sie werden auf ewig einen kleineren Wert für y haben. Das kann jedoch nicht immer so weiter gehen, und wir erhalten einen Widerspruch.

Mit dem Schubkarrenalgorithmus können Sie das Spiel also gewinnen, unabhängig von dem Ausgangsfeld, das der Dämon für Sie aussucht, und der Art, wie der Dämon Sie durch den Hyperwürfel jagt. Da es eine Gewinnstrategie gibt, infiziert die Krankheit schließlich den gesamten Hyperwürfel, und wir sind fertig.

Hüte und Unendlichkeit

Die Antworten „Ja, es gibt eine Gewinnstrategie" und „Nein, es gibt keine" sind beide richtig! Wie kann das sein?

Soviel ich weiß, stammt dieses nette Rätsel ursprünglich von Yuval Gabay und Michael O'Connor (damals noch Doktoranden an der Cornell University). Die Lösung steckte jedoch schon in der Arbeit von Fred Galvin von der Universität von Kansas. Christopher Hardin (Smith College) und Alan D. Taylor (Union College) gehen auf das Problem in einem Artikel fürs *American Mathematical Monthly* [34] ein. Stan Wagon machte es zum Problem der Woche am Macalester College. Einige interessante Beobachtungen zu diesem und dem nächsten Problem stammen von Harvey Friedman (Ohio State), Hendrik Lenstra (Universität von Leiden) und Joe Buhler (Reed College). Von Joe Buhler und unabhängig von Matt Baker von der Georgia Tech erfuhr ich dann von dem Rätsel. Diese Darstellung der Geschichte des Rätsels ist natürlich vereinfacht, und ich bitte alle um Entschuldigung, die hier nicht erwähnt wurden.

Überlegen wir uns zunächst eine Strategie, wenn nur endlich viele Gefangene einen roten Hut tragen. Sämtliche Gefangenen sehen das, und wenn Sie sich vorab entsprechend
abgesprochen haben, werden sie alle „blau" sagen – und nur
endlich viele von ihnen liegen damit falsch.

Dieselbe Strategie lässt sich auch anwenden, wenn nur
endlich viele Hüte blau sind – oder auch, wenn beispielsweise nur endliche viele der Hüte mit ungeraden Zahlen rot sind
und endlich viele der geradzahligen Hüte blau sind. Wir können noch einen Schritt weiter gehen: Wenn die Zahlenfolge
zu einer Hutfarbe irgendwann eine *Periode* aufweist, sollte
jeder Gefangene die Farbe seines Hutes so angeben, als ob
die Periode von Beginn an bestünde.

Mit anderen Worten, wir können die Hutfolge in eine bi-
näre Darstellung einer reellen Zahl r im Einheitsintervall $[0,1]$
übersetzen, wobei wir z. B. blau als 1 und rot als 0 ansehen.
„Irgendwann eine Periode" bedeutet, dass sich von einer gewissen Stelle an ein endliches 0-1 Muster auf ewig wiederholt. In diesem Fall ist r ist eine rationale Zahl. Beispielsweise ist 100101001010101010... eine solche Zahl, wobei sich
01 immer wiederholt. Es handelt sich um den Bruch 7/12.
In diesem Fall würde jeder Gefangene mit einer ungeraden
Zahl auf „blau" tippen und jeder geradzahlige Gefangene auf
„rot", und alle Gefangenen mit Ausnahme der Nummern 3,
4, 5, 6 und 7 lägen richtig.

Die Gefangenen können also gewinnen, wenn die Hutfolge einer rationalen Zahl entspricht. Doch weshalb sollte man
diese Strategie auf die rationalen Zahlen beschränken? Vielleicht weicht die Folge ja nur bei endlich vielen Stellen von
der binären Darstellung von π ab. In diesem Fall könnten die
Gefangenen vorher vereinbart haben, ihre eigene Hutfarbe
so zu raten, als ob die Folge eine exakte Darstellung von π
wäre.

Letztendlich müssen die Gefangenen sämtliche möglichen
Hutfolgen in „Klassen" unterteilen, sodass sich in jeder Klas-

se zwei Zahlenfolgen nur in endlich vielen Stellen unterscheiden. Dann verabreden die Gefangenen vorher einen *Repräsentaten* aus jeder Klasse, d. h., ein bestimmtes Element aus jeder Klasse. Sobald eine Zahlenfolge aus dieser Klasse beobachtet wird, gibt jeder die Hutfarbe so an, als ob die tatsächliche Folge dem vereinbarten Repräsentanten entspräche.

Mathematisch machen wir Folgendes: Wir definieren zwei Folgen als *benachbart*, wenn sie sich in nur endlich vielen Stellen unterscheiden. Offenbar ist: (1) jede reelle Zahl r ein Nachbar von sich selbst, (2) wenn r ein Nachbar von s ist, dann ist auch s ein Nachbar von r, und (3) wenn r ein Nachbar von s ist und s ein Nachbar von t, dann ist auch r ein Nachbar von t. Das bedeutet, unsere Definition von Nachbarschaft entspricht einer sogenannten *Äquivalenzrelation*. Das wiederum heißt, es gibt tatsächlich eine Partition der Menge aller Hutfolgen in Klassen, sodass innerhalb jeder Klasse zwei Folgen benachbart sind, aber zwei Folgen in verschiedenen Klassen *keine* Nachbarn sind.

So weit, so gut! Hier stoßen wir jedoch auf einen heiklen Punkt. Die meisten dieser Klassen enthalten keinen in irgendeiner Weise natürlichen Repräsentanten (wie π). Die Gefangenen müssen also willkürliche Repräsentanten wählen. Das mathematische Axiom, wonach das möglich ist, bezeichnet man als das *Auswahlaxiom*. Gilt das Auswahlaxiom, können die Gefangenen es anwenden und aus jeder Klasse einen Repräsentanten wählen. Sobald die Gefangenen die Hutfolge sehen, erkennen sie zunächst die Klasse zu dieser Hutfolge (dazu bräuchten sie nur die Hüte zu überprüfen, zu denen die Gefangenennummer größer als ihre eigene ist). Dann wählen alle für sich die Hutfarbe, die mit dem Klassenrepräsentanten übereinstimmt, und nur endlich viele Gefangene liegen daneben.

Aber gilt das Auswahlaxiom? Die meisten Mathematiker nehmen das gewöhnlich an; Tatsache ist jedoch: Wenn die Grundregeln der Mathematik mit dem Auswahlaxiom verträglich sind, dann sind sie auch *ohne* das Auswahlaxiom verträglich. Man kann also ebenso gut annehmen, dass das Auswahlaxiom nicht gilt.

Gilt das Auswahlaxiom jedoch nicht, haben die Gefangenen ein Problem. Die oben genannten Mathematiker Hardin und Taylor, sowie unabhängig von ihnen Harvey Friedman, konnten zeigen, dass auch die Möglichkeit, dass es für die Gefangenen *keine Lösung gibt*, mit den üblichen Axiomen der Mathematik verträglich ist. Schlimmer noch: Jede vorgeschlagene Lösung *geht schief*, es sei denn, die Gefangenen haben in einem mathematisch wohl definierbaren Sinn ungewöhnliches Glück. Sollten Sie also mal ins Gefängnis kommen, packen Sie das Auswahlaxiom am besten gleich mit in Ihre Tasche.

Glauben *Sie* an das Auswahlaxiom? Überlegen Sie sich Folgendes: Die Menge der möglichen Gewinnstrategien für die vorgeschlagene Lösung ist das Produkt aller oben angesprochenen Äquivalenzklassen. Wenn es keine Lösung gibt, heißt das, dass das Produkt einer unendlichen Zahl von nichtleeren (tatsächlich unendlichen) Mengen *leer* ist. Andererseits wissen wir aus dem berühmten Banach-Tarski Paradoxon, dass wir mithilfe des Auswahlaxioms einen Ball in fünf Teile zerlegen und diese wieder so zusammensetzen können, dass wir zwei zu dem ursprünglichen Ball identische Bälle erhalten.

Meine eigene Meinung zu dieser Situation ist folgende: Da weder das Auswahlaxiom noch seine Negation widerlegt werden können, lassen sich aus beiden Annahmen scheinbar unsinnige Ergebnissen ableiten.

Alles richtig oder alles falsch

Wenn Sie der Lösung des vorigen Rätsels und der damit zusammenhängenden Problematik des Auswahlaxioms folgen konnten, haben Sie nun gute Karten. Wie zuvor, einigen sich die Ge-

fangenen auf einen Repräsentanten aus jeder Äquivalenzklas-
se, *außerdem* legen sie aber noch fest, dass sie die Farbe des eigenen Huts aus der Annahme ableiten, dass die Anzahl der binären Stellen, an denen sich die tatsächliche Hutfolge von der
Folge des gewählten Repräsentanten unterscheidet, gerade ist.
Wie im endlichen Fall folgt nun, dass alle Gefangenen die richtige Farbe angeben, wenn diese Zahl *tatsächlich* gerade ist, andernfalls geben alle die falsche Farbe an.

Interessanterweise lösen Mathematiker, die sich in der
Lehre oder Forschung bevorzugt mit Algebra beschäftigen,
diese Aufgabe oft anders. Sie identifizieren zunächst wie vorher die Hutfarben mit der Menge $\{0, 1\}$, die sie dann als die
zweielementige Gruppe $\mathbb{Z}_2$ interpretieren. Die *Summe* Σ von
unendlich vielen Kopien von $\mathbb{Z}_2$ ist gleich der Menge aller
Folgen von 0 und 1, wobei jedoch die 1 (blaue Hüte) nur
endlich oft auftritt. Es gibt einen natürlichen Homomorphismus (eine mit den Gruppeneigenschaften verträgliche Abbil-
dung) von Σ in die Menge $\mathbb{Z}_2$, bei der jedes Element von Σ
mit einer geraden Anzahl von 1-en auf die 0 abgebildet wird,
und jedes Element mit einer ungeraden Anzahl von 1-en auf
die 1. Nach dem Fortsetzungssatz der Algebra können wir
diesen Homomorphismus auf das *Produkt* unendlicher vie-
ler $\mathbb{Z}_2$ erweitern. Das ist aber gerade die Menge *aller* $\{0, 1\}$-
Folgen. Die Gefangenen einigen sich beispielsweise darauf,
ihre Antwort unter der Annahme zu geben, dass der Wert
dieses Homomorphismus für die tatsächliche Hutfolge 0 sein
soll.

Natürlich erfordert der Beweis des Fortsetzungssatzes das
Auswahlaxiom, und somit sind die Probleme die gleichen wie
vorher.

Bedeutet dies, dass das Auswahlaxiom auch für die „Alles
richtig oder alles falsch"-Variante des unendlichen Hutpro-
blems notwendig ist? Nun, zunächst war ich dieser Meinung,
doch dann machte mich Teena Carroll (eine Mathematikdok-
torandin am Georgia Tech) darauf aufmerksam, dass es eine

wesentlich einfachere Lösung gibt, die weder vom Auswahlaxiom noch irgendeiner anderen besonderen Form von Mathematik Gebrauch macht.

Alle einigen sich auf „grün"!!

Zahlen auf der Stirn

Von diesem Rätsel erfuhr ich gleich aus mehreren Quellen,
unter anderem von Noga Alon von der Tel Aviv Universität.
Wie Noga selbst mehrfach bewiesen hat, ist es für viele Probleme sinnvoll, die Wahrscheinlichkeit ins Spiel zu bringen,
selbst wenn die zu beweisende Aussage keine Wahrscheinlichkeit enthält. Wenn wir annehmen, die Zahlen auf den Gefangenenstirnen seien unabhängige und gleichverteilte Zufallszahlen, wird offensichtlich, dass jeder Gefangene unabhängig von seiner Strategie mit einer Wahrscheinlichkeit $\frac{1}{n}$
die richtige Antwort gibt.

Nun seien die Gefangenen nummeriert von 0 bis $n-1$.
Da die Wahrscheinlichkeit, dass *ein* Gefangener richtig rät,
exakt gleich 1 sein soll, müssen wir fordern, dass sich die
n Ereignisse „Gefangener k rät richtig" jeweils ausschließen.
Mit anderen Worten, keine zwei Gefangene dürfen richtig raten. Andernfalls wäre die Wahrscheinlichkeit für mindestens
einen Erfolg strikt kleiner als $\frac{1}{n} + \frac{1}{n} + \cdots + \frac{1}{n} = 1$.

Dazu erweist es sich als vorteilhaft, die Menge der möglichen Konfigurationen in n gleichwahrscheinliche Ereignismengen aufzuteilen. Jeder Gefangene begründet seine Wahl
auf der Annahme einer anderen Ereignismenge. Diese Argumentation führt sie vielleicht schon auf eine einfache Lösung:
Sei s die Summe aller Zahlen auf den Stirnen der Gefangenen modulo n. Nun wählt der Gefangene k seine Antwort
aufgrund der Annahme, dass $s = k$ ist, d. h., er zieht von k
die Summe der für ihn erkennbaren Zahlen modulo n ab.

Damit gibt der Gefangene s, wer auch immer das sein
wird, die richtige Zahl an (und alle anderen die falsche).

Der farbenblinde Gefangene

Wegen der unglücklichen Bedingungen im Zusammenhang mit Mike und Shrek können die Gefangenen die oben vorgeschlagene Strategie nun nicht mehr so anwenden, dass der Erfolg gesichert ist. Doch das bedeutet natürlich nicht, dass sie nicht mit einer anderen Strategie Erfolg haben können.

Wir haben jedoch gesehen, dass jede erfolgreiche Strategie darauf hinauslaufen muss, dass nie zwei oder mehr Gefangene richtig raten dürfen, und hier liegt das Problem für Shrek. Angenommen, es *gäbe* eine erfolgreiche Strategie, und Shrek weiß auch, was Mike tun muss. Da Shrek jede Zahl sieht, die auch Mike sehen kann, weiß Shrek, was Mike tun wird. Da Shrek außerdem noch die Zahl von Mike sehen kann, kann er (mit Wahrscheinlichkeit $\frac{1}{n}$) sehen, dass Mike richtig raten wird.

In diesem Fall muss Shrek selbst falsch raten, doch da er seine eigene Zahl nicht kennt, gibt es dafür keine Garantie. („Voll danebenschießen" indem er beispielsweise $n+1$ rät, geht nicht, da sich in diesem Fall die Erfolgsaussichten der Gefangenen nicht zu 1 addieren können.) Dieser Widerspruch zeigt, dass die Gefangenen eine gewisse Wahrscheinlichkeit des Misserfolgs in Kauf nehmen müssen.

Zahlen und Hüte

Dieses Rätsel schickte mir Nicole Immorlica, eine Mathematikerin von Microsoft Research. Die Formulierung (und die Lösung) findet man in einem Artikel [1], an dem sechs Autoren beteiligt sind. Dort tritt es (im Rahmen der Auktionentheorie) als Teil einer expliziten Konstruktion für erlösmaximierende deterministische Auktionen auf.

Es gibt für die Gefangenen tatsächlich eine Gewinnstrategie für jede beliebige Verteilung der Zahlen. Bevor die Zahlen auf die Stirn geschrieben werden, geben sie sich selbst eine feste Reihenfolge, d. h., sie ordnen sich Nummern von 1 bis n zu (beispielsweise entsprechend der alphabetischen Reihenfolge). Nachdem die Zahlen sichtbar sind, ordnet jeder Gefangene seinen Mitgefangenen eine neue Nummerierung zu, und zwar verteilt der Gefangene i die Zahlen 1 bis $i-1$ und $i+1$ bis n entsprechend der Reihenfolge, die er (oder sie) aus den reellen Zahlen auf den Stirnen entnimmt. Nun berechnet er die Anzahl der Transpositionen, die notwendig sind, um von der alten Nummerierung zu der neuen Nummerierung zu gelangen.

Wir stellen uns vor, dieser i-te Gefangene erfährt später seine eigene reelle Zahl, und es stellt sich heraus, dass er an der j-ten Stelle in der Reihenfolge aller n Zahlen steht. Dann müsste er $|i-j|$ Transpositionen mehr vornehmen, damit er die vollständige Permutation σ von den n alten Zahlen zu den n neuen Zahlen erhalten kann, denn i und j wurden lediglich vertauscht, und die Zahlen dazwischen wurden um jeweils 1 nach oben oder unten verschoben.

Betrachten wir als Beispiel 4 Gefangene, und der Gefangene mit der Nummer 3 sieht 2π, π und 4π auf den Stirnen der Gefangenen 1, 2 und 4. In diesem Fall ordnet er ihnen die neuen Zahlen 2, 1 und 4 zu. Diese Zahlen erhält er aus den alten 1, 2 und 4, indem er lediglich die 2 und 1 vertauscht, also eine einzige Transposition. Setzt er sich an die Stelle 3, hat er die Permutation $1234 \rightarrow 2134$ vorgenommen. Doch vielleicht ist seine eigene reelle Zahl $\pi/2$, und er sollte eigentlich an erster Stelle stehen, und nicht an der dritten. Für die richtige Permutation $\sigma = 1234 \rightarrow 3214$ müsste er zunächst noch 3 und 1 vertauschen, und anschließend noch 2 und 3, also zwei weitere Transpositionen. Natürlich ist dieser zweite Schritt hypothetisch und dient nur der Verdeutlichung des folgenden Arguments.

Ist σ eine *gerade* Permutation, also durch eine gerade Anzahl von Transpositionen darstellbar, dann war die ursprüngliche Permutation des Gefangenen i auf den verbliebenen

Zahlen gerade, wenn $|i - j|$ ebenfalls gerade ist, andernfalls ungerade. Wenn σ ungerade ist (wie in unserem Beispiel), gilt natürlich das Umgekehrte.

Die Strategie lautet nun: Der Gefangene i wählt einen „roten" Hut, wenn er eine gerade Anzahl von Transpositionen zählt (aus seiner Sicht der $n-1$ Zahlen) und seine eigene alte Zahl i gerade ist, oder wenn er eine ungerade Anzahl von Transpositionen zählt und i ungerade ist. Andernfalls wählt er „blau". In dem genannten Beispiel ist i ungerade und der Gefangene 3 zählte eine ungerade Anzahl von Transpositionen (eine), also wählt er einen roten Hut.

Diese Strategie hat folgenden Effekt: Wenn σ gerade sein sollte, dann hat der Gefangene i genau dann einen „roten" Hut, wenn sowohl i und $|i-j|$ gerade bzw. beide ungerade sind – mit anderen Worten, wenn j gerade ist. In der neuen Ordnung trägt also jeder geradzahlige Gefangene einen roten Hut und jeder ungeradzahlige einen blauen.

Falls σ ungerade ist (wie in unserem Beispiel), tragen die Gefangenen mit einer ungeraden Zahl bezüglich der neuen Reihenfolge einen roten Hut. In jedem Fall haben sie das Spiel gewonnen.

Ziegelturm

Das Problem, wie sich n Ziegelsteine so stapeln lassen, dass sie so weit wie möglich über die Tischkante hinausragen, wurde in dieser Form im Jahre 1923 im *American Mathematical Monthly* von J. G. Coffin [9] gestellt. In anderen Formulierungen geht es aber bis um die Zeit von 1850 zurück. Martin Gardner hat sehr zu seinem Ruhm beigetragen, und es dient fast überall in der Welt dazu, Studenten mit der harmonischen Reihe vertraut zu machen.

Ironischerweise ist die berühmte „harmonische Stapelung" (siehe Abb. 8.1) trotz eines weitverbreiteten Glaubens bei weitem nicht die optimale Lösung, es sei denn, man for-

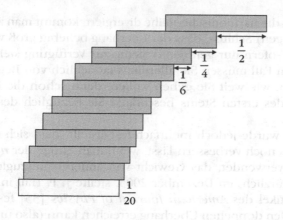

Abb. 8.1 Eine harmonische Stapelung mit zehn Ziegeln.

dert zusätzlich die Bedingung, dass in jeder Schicht nur ein Ziegel liegen darf. Außerdem heißt es oft, man müsse schon vorher wissen, wie viel Überhang die Stapelung schließlich haben soll. Auch das ist nicht richtig.

Man erhält die harmonische Stapelung aus folgender Überlegung: Der oberste Stein kann auf keinen Fall mehr als $\frac{1}{2}$ (multipliziert mit der einheitlichen Ziegellänge) über den darunterliegenden Stein hinausragen. Ist das der Fall, befindet sich der gemeinsame Schwerpunkt der beiden oberen Steine bei $\frac{1}{4}$ der Ziegellänge von rechts (dem überhängenden Ende des unteren Ziegels) aus gerechnet. Daher kann dieser zweitoberste Ziegel um nicht mehr als $\frac{1}{4}$ seiner Länge über den darunterliegenden Stein hinausragen. Fährt man auf diese Weise fort, kann dann der k-te Stein von oben nur um $\frac{1}{2k}$ über den $(k+1)$-ten Stein hinausragen. Der gesamte Überhang ist somit $\frac{1}{2} + \frac{1}{4} + \frac{1}{6} + \cdots + \frac{1}{2n} = \frac{1}{2}(1 + \frac{1}{2} + \frac{1}{3} + \cdots + \frac{1}{n}) = H_n/2$, wobei H_n die n-te Partialsumme der harmonischen Folge ist. Asymptotisch ist sie gleich dem natürlichen Logarithmus von n.

Da die harmonische Reihe divergiert, kommt man zu dem (richtigen) Schluss, dass der Überhang beliebig groß werden kann, sofern nur genügend Steine zur Verfügung stehen. In diesem Fall müssen Sie allerdings tatsächlich von Beginn an wissen, wie weit Sie gehen wollen, denn schon die Platzierung des ersten Steins beschränkt Sie bezüglich des Überhangs.

Es wurde jedoch mehrfach festgestellt, dass sich das Ergebnis noch verbessern lässt, wenn man einige der n Steine dazu verwendet, das Gewicht von anderen auszugleichen. Erst kürzlich, im Dezember 2005, stellte J. F. Hall in einem Leitartikel des *American Journal of Physics* [33] fest, dass man den doppelten Überhang erreichen kann (also ungefähr $\ln n$), wenn einige der Steine als Gegengewicht zu den überhängenden Steinen dienen. Für Stapel mit bis zu 19 Steinen haben diese Konfigurationen den optimalen Überhang; siehe Abb. 8.2 für den Fall $n = 19$. Hall gelangte jedoch zu der falschen Schlussfolgerung, dass solche sogenannten „Rückgratkonfigurationen" (weil jeweils nur ein Ziegel pro Schicht

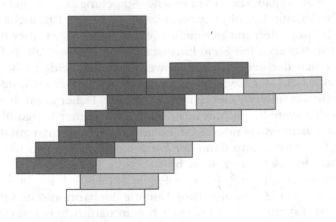

Abb. 8.2 Der bestmögliche Überhang für 19 Steine.

zur Unterstützung der maximal überhängenden Steine verwendet wird) ganz allgemein die optimalen Lösungen sind.

Den wirklichen Durchbruch erzielten Mike Paterson und Uri Zwick mit ihrem Artikel in den *Proceedings of the SIAM Symposium on Discrete Algorithms* (Januar 2006 – er wurde also schon vor dem Erscheinen von Halls Artikel geschrieben) [44]. Dort zeigten sie unter anderem, dass Hall hinsichtlich des maximal erzielbaren Überhangs bei den Rückgratkonfigurationen Recht hatte, dass allerdings diese Stapelungen nicht mehr die optimale Lösung für 20 oder mehr Steine sind. Noch erstaunlicher ist aber eine Konstruktion, bei welcher der Überhang *exponentiell* besser ist, als man zuvor für möglich gehalten hätte. Mittlerweile ist auch der ausführliche Artikel [45] erschienen.

Die tatsächlich optimale Konstruktion für 20 Steine ist in Abb. 8.3 wiedergegeben, allerdings übertrifft sie die Konstruktion von Hall für 20 Steine nur um ein winziges Stück. Wie Sie jedoch in Abb. 8.4 erkennen können, hat die optimale Konfiguration für zunehmende n nicht mehr allzu viel mit den Rückgratstapelungen zu tun. Die Pfeile am oberen

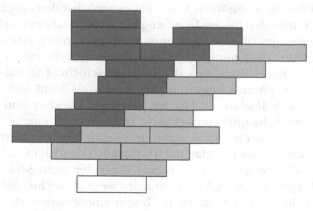

Abb. 8.3 Der bestmögliche Überhang mit 20 Steinen.

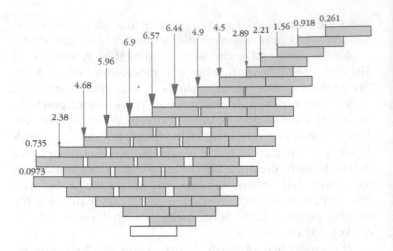

Abb. 8.4 Der bestmögliche Überhang mit 100 Steinen.

Ende von Abb. 8.4 beziehen sich auf zusätzliche Gewichts-anteile von nicht gezeichneten Steinen (die aber zu den 100 erlaubten Ziegel gehören). Ihre genauen Positionen liegen nicht eindeutig fest.

Für sehr große Werte von n hat es zunächst den Anschein, als ob man den besten Überhang mit Konfigurationen erhält, die einer gewöhnlichen Steinwand zu entstammen scheinen: Jeder Stein liegt mittig über der Berührungsstelle zweier sich berührender Steine aus der tieferen Schicht. Die naheliegendsten Formen erweisen sich jedoch als nicht stabil. In dem Buch *Mad about Physics* [36] von Jargodsky und Potter wird behauptet, umgekehrte Dreiecke (mit einem Stein zuunterst, darüber zwei, dann drei Steine usw.) stellten stabile Konfigurationen dar, doch tatsächlich handelt es sich um instabile Konfigurationen, sobald drei oder mehr Schichten vorliegen (in Abb. 8.5 erkennt man, weshalb sie instabil ist). Trotz dieses Fehlers ist das Buch sehr empfehlenswert.

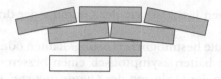

Abb. 8.5 Das umgekehrte Dreieck aus drei oder mehr Schichten fällt auseinander.

Rautenförmige Gebilde (ein auf dem Kopf stehendes Dreieck aus einer bestimmten Anzahl von Schichten und darauf ein gewöhnliches Dreieck) sind bis zu sieben Schichten stabil, doch Abb. 8.6 zeigt, was dann passiert.

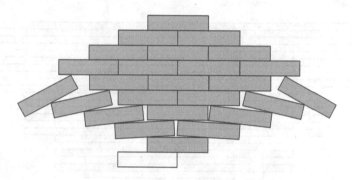

Abb. 8.6 Die Raute mit neun Schichten ist leider auch instabil.

Paterson und Zwick bauten stattdessen Steinwände mit einer näherungsweise parabolischen Form, wie in Abb. 8.7. Ihre Konstruktion (wie auch der Beweis ihrer Stabilität) erfolgt rekursiv, indem man sogenannte „k-Sockel" für immer größere Wert von k zusammensetzt. Ein k-Sockel besteht aus $2k+1$ alternierenden Schichten von jeweils $k+1$ und k Steinen. Der Überhang, der sich mit einer parabolischen Wand aus n Steinen erreichen lässt, ist von der Ordnung der dritten Wurzel aus n.[1]

Ist dies die bestmögliche Lösung? Rauten oder umgekehrte Dreiecke hätten asymptotisch einen besseren Überhang, nämlich von der Ordnung der *Quadratwurzel* aus n. Leider sind sie nicht stabil. Kürzlich konnten Paterson und Zwick, zusammen mit Yuval Peres, Mikkel Thorup und dem Autor des vorliegenden Buches jedoch zeigen [46], dass es keine Konstruktion geben kann, bei welcher der Überhang besser als von der Ordnung $n^{\frac{1}{3}}$ ist.

Das bedeutet noch nicht, dass die parabolischen Ziegelsteinwände wirklich die optimale Lösung sind. Man erreicht mit ihnen einen Überhang von ungefähr $\sqrt{3/16}n^{1/3}$. Es könn-

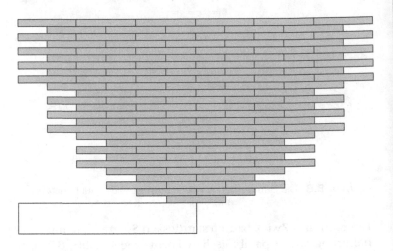

Abb. 8.7 Eine parabolische Ziegelwand.

---

[1] Die Aussage, dass eine Funktion $f(n)$ – in diesem Fall der Überhang als Funktion der n Steine – „von der Ordnung $g(n)$" ist, bedeutet, dass es positive Konstanten c und c' gibt, sodass für alle n gilt: $cg(n) < f(n) < c'g(n)$.

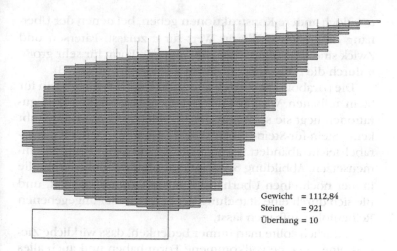

Gewicht = 1112,84
Steine = 921
Überhang = 10

Abb. 8.8 Eine „Ölkännchen"-förmige Ziegelwand könnte nahezu optimal sein.

59		57		56		58		60	
	54		52		53		55		
50		48		47		49		51	
	45		43		44		46		
41		39		38		40		42	
	36		34		35		37		
32		30		29		31		33	
	27		25		26		28		
	23		22		24		
	20		18		19		21	
	16		15		17		
	13		11		12		14	
	9		8		10	
	6		7	
	4		3		5	
	1		2	

Abb. 8.9 Ein Weg zu einem Turm mit beliebigem Überhang.

te jedoch andere Konstruktionen geben, bei denen der Überhang $cn^{\frac{1}{3}}$ einen größeren Wert für c zulässt. Paterson und Zwick sind überzeugt, dass die optimale Form für sehr große n durch die „Ölkännchen"-Form gegeben ist (Abb. 8.8).

Die parabolische Ziegelsteinwand lässt sich nicht Stein für Stein aufbauen. Wie alle anderen oben dargestellten Konfigurationen liegt sie scharf an der Stabilitätsgrenze und erlaubt keine Stein-für-Stein-Konstruktion. Wenn man jedoch die Parabel leicht abändert, kann man sie auf dem Tisch zusammensetzen. Abbildung 8.9 zeigt eine abgewandelte Form, die immer noch einen Überhang von der Ordnung $n^{\frac{1}{3}}$ hat, und die sich durch eine Stapelung der Steine in der angegebenen Reihenfolge aufbauen lässt.

Natürlich sollte man immer bedenken, dass wirkliche Ziegelsteine nie eine vollkommene Form haben und auch alles andere als reibungsfrei sind. Versuchen Sie das also nicht bei sich zu Hause.

9 Wirkliche Herausforderungen

*Es gibt Zeiten, in denen der Geist eine höhere
Wissensebene erreicht, aber nicht mehr
nachvollziehen kann, wie er dorthin gelangt ist.*

Albert Einstein (1879–1955)

Als ob die bisherigen Rätsel nicht schon schwierig genug gewesen wären, folgen noch einige besondere Kaliber. Vielleicht empfinden Sie ja einige von ihnen einfacher als manche frühere Rätsel. Woran der eine verzweifelt, ist für den anderen leichte Kost.

Eiscremetorte

Auf dem Tisch vor Ihnen befindet sich eine zylindrische Eiscremetorte mit einem Schokoladenguss auf der Oberseite. Nacheinander schneiden Sie keilförmige Kuchenstücke mit einem Winkel x heraus, wobei x beliebig – auch irrational – sein kann (allerdings immer denselben Wert hat). Jedesmal, wenn Sie ein Stück herausgeschnitten haben, drehen Sie es auf den Kopf und fügen es wieder in den Kuchen ein. (Siehe Abb. 9.1.)

Abb. 9.1 Schneiden, umdrehen, wieder einsetzen und neu schneiden.

Beweisen Sie, dass sich der gesamte Schokoladenguss nach einer endlichen Anzahl solcher Operationen wieder auf der Oberseite des Kuchens befindet!

Anmerkung: Dieses Rätsel gehört bei mir zu der Klasse „Da muss ich mich verhört haben". Jawohl, der Winkel x kann irrational sein, was bedeutet, dass Sie nie dasselbe Stück zweimal herausschneiden. Vielleicht müssen Sie sehr viele Stücke herausschneiden – zum Glück sind Eiscremetorten selbstheilend – aber es bleiben endlich viele.

Hüpfender Frosch

Ein Frosch hüpft entlang einer langen Reihe von Seerosenblättern. Auf jedem Blatt entscheidet er mit einem Münzwurf, ob er zwei Blätter vorwärts (wobei eines übersprungen wird) oder ein Blatt zurück springen soll. Wie viel Prozent der Blätter besucht er?

Drei Schatten einer Kurve

Gibt es im dreidimensionalen Raum eine einfache geschlossene Kurve, von der alle drei Projektionen auf die Achsenebenen Bäume sind?

Anmerkung: Die drei Schatten der Kurve, die man jeweils als Projektion auf die Ebenen senkrecht zu den drei Koordinatenrichtungen erhält, sollen also keine geschlossenen Kurven enthalten. Abbildung 9.2 zeigt eine Kurve, die nicht ganz den Anforderungen genügt: Zwei ihrer Schatten sind Bäume, aber der dritte enthält (bzw. „ist") eine geschlossene Kurve.

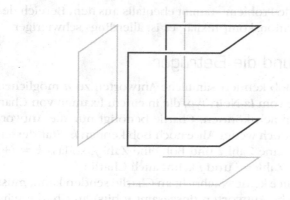

Abb. 9.2 Eine geschlossene Kurve mit zwei Baumschatten.

Spieler und Gewinner

Tristan und Isolde wissen, dass sie in naher Zukunft praktisch keine Informationen mehr austauschen können. Zu diesem Zeitpunkt haben zwei Basketballmannschaften aus einer Gruppe von 16 möglichen Mannschaften gegeneinander gespielt. Tristan wird wissen, welche zwei Teams gegeneinander gespielt haben, und Isolde kennt den Namen des Gewinnerteams. Wie viele Bits an Information müssen Tristan und Isolde austauschen, damit Tristan den Gewinner kennt?

Anmerkung: Hierbei handelt es sich um ein Problem aus dem Bereich der *Kommunikationskomplexität*. Wenn Isolde nicht nur wüsste, wer gewonnen hat, sondern auch, gegen wen gespielt wurde, könnte sie Tristan mit einem Bit mitteilen, ob das (beispielsweise bezüglich einer alphabetischen Reihenfolge) erstgenannte Team das Spiel gewonnen hat. Ohne diese Information kann sie natürlich mit vier übermittelten Bits den Sieger identifizieren. Doch geht es besser?

Das folgende Problem stammt ebenfalls aus dem Bereich der Kommunikationskomplexität, es ist allerdings schwieriger.

Charlie und die Betrüger

Alice und Bob kennen sämtliche Antworten zu n möglichen Fragen, alle vom Ja-Nein-Typ, die in einem Examen von Charlie drankommen können. Charlie benötigt nur die Antwort zu Frage k, doch weder Alice noch Bob kennen k. Stattdessen kennt Alice eine Zahl i und Bob eine Zahl j, sodass $k = i+j$ mod n. Die Zahlen i und j kennt auch Charlie.

Wenn Alice keine Nachricht an Charlie senden kann, muss Bob sämtliche Antworten (insgesamt n bits) an Charlie schicken, damit Charlie sich die richtige Antwort herauspicken kann.

Beweisen Sie: Wenn Alice nur *ein Bit* an Charlie sendet, muss Bob nur noch $n/2$ Bits an Charlie übermitteln, sodass dieser die Antwort auf Frage k kennt.

Annäherung auf einer Kurve

Die ebene Kurve in Abb. 9.3 hat folgende Eigenschaften: (1) Der (gewöhnliche euklidische) Abstand zwischen ihren beiden Endpunkten ist größer als der Abstand zwischen zwei beliebigen anderen Punkten auf der Kurve; (2) Sie können mit je einem Bleistift in jeder Hand an den Endpunkten beginnend die Bleistiftspitzen derart entlang der Kurve führen und zusammenbringen, *dass der (ebene) Abstand zwischen den zwei Punkten nie zunimmt.*

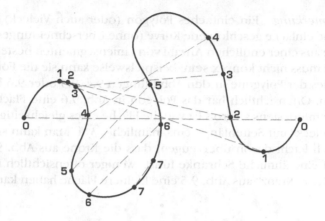

Abb. 9.3 Eine „konquinculare" Kurve.

Gibt es eine Kurve mit der Eigenschaft (1), die jedoch nicht die Eigenschaft (2) besitzt?

Summen und Produkte

Alle ganzen Zahlen größer als eins und kleiner als 100 befinden sich in einem Hut. Zwei werden blind herausgezogen. Samantha erhält die Summe der beiden Zahlen und Porfirio ihr Produkt. Samantha sagt: „Meine Zahl sagt mir, dass Du die Zahlen nicht kennst." Porfirio: „Nun weiß ich sie." Samantha: „Nun weiß ich sie auch."

Um welche Zahlen handelt es sich?

Minimalfläche eines Polygons

Wie groß ist die kleinstmögliche Fläche eines einfachen Polygons mit einer ungeraden Anzahl von Seiten gleicher Länge (eine Einheit)?

Anmerkung: Ein einfaches Polygon (oder auch Vieleck) ist eine einfache geschlossene Kurve (ohne Überschneidungen), die aus einer endlichen Anzahl von Liniensegmenten besteht. Sie muss nicht konvex sein; beispielsweise kann sie die Form eines der Polygone in den Abbildungen 9.4, 9.5 oder 9.6 haben. Offensichtlich hat das Polygon in Abb. 9.6 eine Fläche, die mindestens so groß ist wie die Fläche eines gleichseitigen Dreiecks mit Seitenlänge eins, nämlich $\sqrt{3}/4$. Man kann sich auch leicht davon überzeugen, dass die Krone aus Abb. 9.4 auf eine ähnliche Schranke führt. Weniger offensichtlich ist, ob der „Kranz" aus Abb. 9.5 eine kleinere Fläche haben kann.

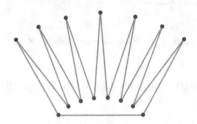

Abb. 9.4 Eine Krone.

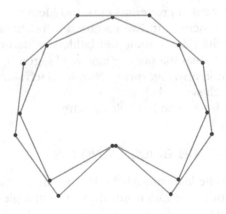

Abb. 9.5 Ein Kranz.

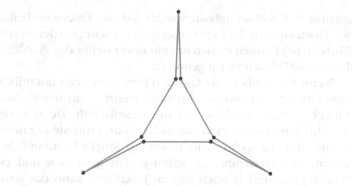

Abb. 9.6 Kollaps zu einem Dreieck.

Gleichseitige Polygone mit einer *geraden* Anzahl von Seiten können eine beliebig kleine Fläche haben, beispielsweise kann man sie zu einem sehr spitzen Stern zusammenklappen. Doch im ungeraden Fall schafft man es vielleicht nie unter die Schranke $\sqrt{3}/4$. Können Sie es beweisen oder widerlegen?

Lösungen und Kommentare

Eiscremetorte

Dieses nette Rätsel erhielt ich von dem französischen Studenten Thierry Mora, der es von seinem Lehrer Thomas Lafforgue hatte. In seiner ursprünglichen Form (über dessen Ursprung Lafforgue sich nicht sicher ist) tritt noch ein zweiter Winkel auf, der die Kuchenmenge angibt, die von einem Kuchenstück auf das nächste übertragen wird. Auch dieses Problem erfordert nur endlich viele Operationen, bis sich die gesamte Schokoladenglasur wieder auf der Oberseite befindet. Doch auch in der hier vorgestellten Form (wo der zweite Winkel 0 ist) handelt es sich um ein überraschendes Problem, das vermutlich schwierig genug ist.

Wenn Sie glauben, Sie könnten beweisen, dass unendlich viele Operationen notwendig sind, wenn x ein irrationaler Winkel ist, dann sind Sie in guter Gesellschaft. Denn wenn tatsächlich n Operationen ausreichen, dann müsste der neue Schnitt, der die rechte Seite des n-ten Stücks bestimmt, genau auf der Grenzlinie zwischen einem glasierten und einem unglasierten Bereich liegen. Doch wie kann das sein, wenn der Kuchen noch nie an dieser Stelle aufgeschnitten wurde?

Tatsächlich kann bei diesem Schnitt eine solche Stelle liegen, denn wenn ein Kuchenstück auf den Kopf gestellt wird, vertauscht man nicht nur einen glasierten mit einem unglasierten Bereich, sondern dieser Bereich wird auch noch *umgedreht* (rechts auf links und links auf rechts).

Für dieses Rätsel – ebenso wie für viele ernsthaftere algorithmische Probleme – ist es von Nutzen, die Operationen neu zu definieren, sodass sich bei jedem Schritt nur der „Zustand" – in diesem Fall das Muster der Glasur auf dem Kuchen – ändert, und nicht die Operation selbst. Im vorliegenden Fall bedeutet dies, dass der Kuchen nach jeder Operation gedreht wird, sodass der Kuchen immer an derselben Stelle aufgeschnitten wird.

Im Folgenden bezeichnen wir mit 0° die Position „Norden" und mit 90° die Position „Osten" usw., und wir schneiden den Kuchen immer bei den Winkeln 0° und $-x$ ein. Das Kuchenstück wird anschließend an der 0°-Linie gespiegelt und zwischen 0° und x wieder eingefügt, nachdem der Rest des Kuchens im Uhrzeigersinn um den Winkel x gedreht wurde. Die gestrichelten Linien in Abb. 9.7 zeigen an, wo der Kuchen für die Schritte 1, 2, 3 und 4 jeweils eingeschnitten werden muss.

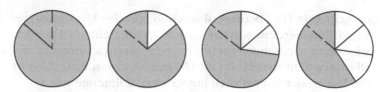

Abb. 9.7 Schneiden und Umklappen der Kuchenstücke und gleichzeitiges Drehen des Kuchens.

Für das Weitere ist es vorteilhaft, sich den Winkel x als etwas größer als $360°/k$ vorzustellen, wobei k irgendeine ganze Zahl ist. In diesem Fall schneiden Sie nach k Operationen wieder in Ihr erstes Kuchenstück. Der Kuchen hat sich dabei einmal ganz gedreht.

Sei also k die kleinste Anzahl von Kuchenstücken, die man herausschneiden muss, um einmal um den Kuchen zu gelangen. Mit anderen Worten, k sei die größte ganze Zahl größer oder gleich $360°/x$. Dann gilt $x = y + z$, wobei $y = 360°/k$ und

$$0 \leq z < \frac{360°}{(k-1)x} - \frac{360°}{kx} = \frac{360°}{k(k-1)x}.$$

Ist $z = 0$ und somit $x = y = 360°/k$, sieht man sofort, dass sich die gesamte Glasur nach k Operationen am Boden des Kuchens befindet, und nach weiteren k Schritten wieder an der Oberseite. Wie wir gleich sehen werden, ist es andernfalls nicht möglich, dass sich jemals die gesamte Glasur an der Unterseite des Kuchens befindet.

Im Verlauf des Algorithmus treten die Grenzlinien (zwischen glasierten und unglasierten Bereichen) zunächst bei den Winkeln $0, x, 2x, 3x, \ldots, (k-1)x$ auf und anschließend bei $x - kz, 2x - kz, 3x - kz, \ldots, (k-1)x - kz$. Danach wiederholen sich diese Winkel. Man kann sich leicht überlegen, dass diese Menge S von Grenzlinien unter der Operation „schneiden-umkehren-ersetzen" invariant ist. Durch eine solche Operation geht ix in $(i+1)x$ über, abgesehen von $(k-1)x$, das zu $x-kz$ wird; außerdem wird aus jedem $ix-kz$ ein $(i+1)x-kz$, wiederum abgesehen von $(k-1)x-kz$, das in x übergeht. Bei all diesen Schritten bleibt die 0°-Linie an ihrem Platz. Also ist die Menge der Grenzlinien immer eine Teilmenge von S.

Aus dem Gesagten können wir bereits schließen, dass sich die Glasur nach endlich vielen Operation wieder auf der Oberseite befinden wird, denn es gibt nur $2k-1$ Kuchenflächen zwischen den $2k-1$ Linien in S. Jede der Flächen kann entweder glasiert oder unglasiert sein, sodass die Gesamtzahl der möglichen Glasurkonfigurationen nicht größer als 2^{2k-1} sein kann. Also müssen diese Operationen nach höchstens 2^{2k-1} Schritten in einen Zyklus führen. Aber müssen sie dabei wieder in die Ausgangsposition zurückkehren (die gesamte Oberfläche glasiert)? Ja, denn die Operationen sind umkehrbar. Würde man nach Durchlaufen des Zyklus zu einer anderen Konfiguration C gelangen, dann gäbe es zwei verschiedene Konfigurationen, die beide zu C führen, was nicht möglich ist.

Tatsächlich kann man sich leicht überlegen, was hier passiert. Zwischen den Grenzlinien in S gibt es k Flächen mit einem Winkel $x-kz$, die wir $A_1, A_2, \ldots, A_k$ nennen, und $k-1$ Flächen mit einem Winkel kz, die wir $B_1, B_2, \ldots, B_{k-1}$ nennen. (Siehe Abb. 9.8 für den Fall $k=4$ und $x=93{,}5°$.)

Wenn man mit den Operationen beginnt, drehen sich die A-Flächen der Reihe nach um und nach k Operationen sind alle unglasiert. Nun werden sie der Reihe nach wieder glasiert und nach $2k$ Operationen sind sämtliche A-Flächen wieder glasiert.

In der Zwischenzeit werden auch die B-Flächen der Reihe nach umgedreht, doch da es nur $k-1$ von ihnen gibt, sind sie nach $k-1$ Schritten alle unglasiert und nach $2k-2$ Schritten alle wieder glasiert.

Die Anzahl der Schritte, nach denen sowohl alle A-Flächen als auch alle B-Flächen wieder glasiert sind, ist somit gleich

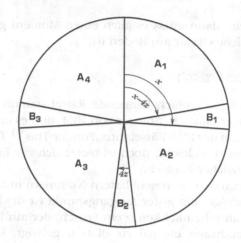

Abb. 9.8 Die Menge S der Grenzlinien für $x = 93.5°$ und somit $z = 3.5°$.

dem kleinsten gemeinsamen Vielfachen der Zahlen $2k$ und $2k-2$, also $2k(k-1)$. Die vollständige Antwort lautet also: Nach $2k(k-1)$ Schritten gelangt man wieder zur Ausgangslage, bei der die gesamte Oberseite des Kuchens glasiert ist. Ausnahme: $x = 360°/k$ für ein ganzzahliges k; in diesem Fall gibt es keine B-Flächen und $2k$ Schritte reichen aus.

Sollten sowohl die A- als auch die B-Flächen *unglasiert* sein, müsste die notwendige Anzahl n von Schritten sowohl ein ungerades Vielfaches von k als auch ein ungerades Vielfaches von $k-1$ sein. Da jedoch unter den beiden Zahlen k und $k-1$ eine gerade und eine ungerade ist, müsste n sowohl gerade als auch ungerade sein. Sofern es also die B-Flächen gibt, kann die Glasur niemals vollständig am Boden des Kuchens sein.

Die Reaktion eines sehr bekannten Mathematikers auf das Eiscremetortenrätsel war: „Es fällt mir schwer zu glauben, dass die gesamte Glasur jemals wieder zur Oberseite zurückkehren wird. Einer Sache bin ich mir aber sicher: Sollte das der Fall sein, dann muss es auch einen Moment geben, bei dem sämtliche Glasur am Boden ist!"

Hüpfender Frosch

Dieses zunächst einfach klingende Rätsel stammt von dem Mathematiker James B. Shearer von IBM, und es erschien im April 2007 auf der IBM-Rätselseite „Ponder This".[1] Tatsächlich ist es gar nicht so leicht, doch es bietet sich zur Einführung einiger nützlicher Tricks an.

Wir geben den Seerosenblättern Nummern in aufsteigender Reihenfolge. Ein guter Ausgangspunkt ist die Frage, mit welcher Wahrscheinlichkeit p ein Frosch, der auf Blatt 1 beginnt, irgendwann einmal zu Blatt 0 gelangt. Damit der Frosch niemals zurückgeht, muss er einen Schritt nach vorne springen (Wahrscheinlichkeit $\frac{1}{2}$), und er darf auf keinen Fall anschließend drei Schritte zurückgehen (Wahrscheinlichkeit $(1-p^3)$). Das führt uns auf die Gleichung $1 - p = \frac{1}{2}(1 - p^3)$. Wir dividieren beide Seiten durch $(1-p)/2$ und erhalten $2 = 1 + p + p^2$, was uns auf $p = (\sqrt{5}-1)/2 \sim 0{,}618034$ führt, den bekannten goldenen Schnitt.

Es scheint umständlich nun die Wahrscheinlichkeit zu berechnen, mit welcher der Frosch ein bestimmtes Blatt (beispielsweise Blatt 1) überspringt. Zunächst müssten Sie bestimmen, mit welcher Wahrscheinlichkeit der Frosch zum ersten Mal auf Blatt 0 trifft, doch er könnte ja schon früher einmal Blatt 1 besucht haben. Etwas geschickter ist folgende Überlegung: Man berechne die Wahrscheinlichkeit, dass der Frosch *im Sprung* ein Blatt überspringt, das er noch nie getroffen hat und auch nie treffen wird.

Dazu müssen folgende Bedingungen erfüllt sein: (a) der Frosch muss in diesem Augenblick nach vorne springen;

---

[1] http://domino.research.ibm.com/Comm/wwwr_ponder.nsf/challenges/
April2007.html.

(b) er darf niemals vor die Stelle zurückkehren, auf der er landet; (c) er darf das Blatt, über das er gerade springt, in der Vergangenheit noch nie erreicht haben. Wir nehmen an, dass der Frosch gerade über das Blatt mit der Nummer 0 springt. Wichtig ist nun die Feststellung, dass Ereignis (c) eine unabhängige Kopie von Ereignis (b) ist, wenn man sowohl die Raum- als auch die Zeitrichtung umkehrt. Geht man in der Zeit rückwärts und betrachtet Sprünge zu niedrigeren Blattnummern als „Voranschreiten", so scheint sich der Frosch genauso zu verhalten wie vorher: Mit derselben Wahrscheinlichkeit springt er zwei Schritte vorwärts oder einen zurück. Ereignis (c) bedeutet, dass er niemals mehr zur 0 „zurückkehren" darf, nachdem er einmal das Blatt -1 erreicht hat.

Die Wahrscheinlichkeit für ein Zusammentreffen dieser drei Ereignisse ist somit $\frac{1}{2} \cdot (1-p) \cdot (1-p) = (1-p)^2/2$. Wir dürfen jedoch nicht vergessen, dass wir nicht die Wahrscheinlichkeit dafür berechnet haben, dass die 0 ausgelassen wird, sondern nur die Wahrscheinlichkeit, dass ein bestimmter Sprung den Frosch über ein ausgelassenes Blatt bringt.

Im Durchschnitt kommt der Frosch pro Sprung um $\frac{1}{2}$ Blätter voran. Die mittlere Anzahl ausgelassener Seerosenblätter ist im Vergleich zu dieser Geschwindigkeit somit $(1-p)^2$. Der Anteil der besuchten Blätter ist daher $1 - (1-p)^2 = (3\sqrt{5} - 5)/2 \sim 0{,}854102$.

Drei Schatten einer Kurve

Rick Kenyon von der Universität von British Columbia schlug dieses Rätsel vor. Er sah es an der Tür von George Bergman in Berkeley. Bergman hatte das Rätsel von Hendrik Lenstra (Berkeley und Universität von Leiden). Nach Bergmans Aussage hatte Lenstra irgendwo ein Spielzeug gesehen, das aus einer würfelförmigen Kunststoffschachtel bestand, in deren Seitenflächen sich irrgartenförmige Schlitze befanden. Auf gegen-

überliegenden Seiten entsprachen sich die Schlitze, sodass
ein Stab, der senkrecht zu diesen beiden Seitenflächen durch
den Würfel gesteckt wurde, die beiden Irrgärten gleichzeitig
durchlaufen konnte. Doch statt eines einzelnen Stabes gab es
ein Objekt, das aus drei jeweils zueinander orthogonalen Stä-
ben bestand, die sich in einem Punkt in der Mitte trafen. Jeder der drei Stäbe steckte in einem Paar gegenüberliegender
Schlitze, und das gesamte Objekt konnte sich herumbewe-
gen. Das Ziel bestand darin, es aus einer Lage in bestimmte
andere Lagen zu bringen.

Erfunden hat dieses Puzzle, das zeitweilig im Handel er-
hältlich war, der brillante holländische Rätseldesigner Oskar
van Deventer, dessen mechanische Tricksereien oftmals fas-
zinierende mathematische Ideen enthalten.

Lenstra war aufgefallen, dass das Labyrinth auf jeder Seite ein Baumgraph sein muss, denn bei geschlossenen Wegen
würden Teile aus der Wand herausfallen. Außerdem hatte er
sich gefragt, welche Lagen der Zentralpunkt in der Mitte der
drei Stäbe einnehmen könne. Die Projektion dieser Lagen
auf jede der drei Flächen musste ebenfalls ein Baumgraph
sein, aber er fragte sich, ob die Menge selbst irgendwelche
geschlossenen Wege enthalten darf. Falls ja, dann müsste die
Projektion eines solchen Weges auf jede der drei Seiten einem Baumgraphen entsprechen – und so entstand die Frage.

Im Februar 1994 begann Lenstra herumzufragen, und
Bergman korrespondierte mit mehreren Leuten über dieses
Problem, jedoch ohne Erfolg. Im September 1995 erfuhren
Bergman und Lenstra von Kevin Buzzard, damals Postdoc in
Berkeley, dass diese Frage bereits früher in Cambridge (Eng-
land) aufgetaucht und ein Beispiel konstruiert worden war.
Buzzard kannte das Beispiel von Imre Leader, einem Kom-
binatoriker an der Cambridge University, der es von seinem
Entdecker John Rickard erfahren hatte. Damals war Rickard
am Mathematischen Institut in Cambridge, mittlerweile ar-
beitet er als Programmierer.

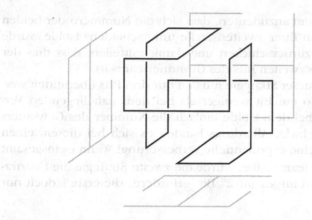

Abb. 9.9 Eine geschlossene Kurve mit drei Baumgraphenschatten.

Abbildung 9.9 zeigt Rickards Beispiel, das eine sehr interessante Sechser-Symmetrie besitzt.

Spieler und Gewinner

Dieses Rätsel stammt von Alon Orlitsky von der University of California in San Diego. Es ist ein Beispiel für eine erfolgreiche Kommunikation „von Studenten zu ihren Lehrern".

Tristan und Isolde ordnen den Teams in alphabetischer Reihenfolge vierstellige Binärzahlen zu, von 0000 bis 1111. Sobald Tristan weiß, welche beiden Mannschaften gegeneinander gespielt haben, schickt er Isolde eine der Zahlen 00, 01, 10 oder 11, je nachdem ob *die erste Stelle, an der sich die Nummern der beiden Mannschaften unterscheiden* das erste, zweite, dritte oder vierte Bit ist. Isolde schickt dann einfach den Wert dieses Bits von der Nummer des Gewinnerteams zurück.

Angenommen, Team 0011 spielte gegen 0110, und 0110 hat gewonnen. Tristan würde Isolde in diesem Fall „01" übermitteln um anzudeuten, dass sich die Nummern der beiden Teams an ihrer zweiten Stelle unterscheiden. Isolde würde die „1" zurückschicken und damit mitteilen, dass dies der Wert des zweiten Bits des Gewinnerteams ist.

Bei dieser Strategie müssen nur drei Bits übermittelt werden, also ein Bit weniger als bei dem naheliegenden Verfahren, bei dem Isolde einfach die Nummer des Gewinners zurückschickt. Allerdings handelt es sich bei diesem einen Bit um eine exponentielle Verbesserung! Wenn es insgesamt $n = 2^{2^k}$ Teams gäbe, würde die zweite Strategie die Übertragung von insgesamt 2^k Bits erfordern, die erste jedoch nur $k+1$.

Charlie und die Betrüger

In der Kommunikationskomplexität ist dieses Rätsel tatsächlich ein ernsthaftes Problem. Es wurde in den 1970ern von Les Valiant in Harvard untersucht, und ich erfuhr über Amit Chakrabarti davon. Die Lösungen sowie Verallgemeinerungen findet man in einem Artikel von Pavel Pudlák, Vojtěch Rödl und Jiří Sgall [47].

Es seien $x_1, \ldots, x_n$ die Bits zu den Antworten, wobei $1 =$ wahr und $0 =$ falsch bedeuten sollen. Indizes sind im Folgenden jeweils modulo n zu verstehen. Alice schickt Charlie das Bit x_{-i}, Bob schickt Charlie die Bits $x_a + x_b$ für alle Paare (a, b), für die $a+b = j$, wobei in diesem Fall die Addition von Bits modulo 2 erfolgt. Es gibt insgesamt $n/2$ dieser Paare (genauer $\lceil n/2 \rceil$, falls n ungerade ist und man aufrunden muss).

Nun kennt Charlie x_{-i} sowie $x_{-i} + x_{i+j}$. Er addiert die beiden Bits und erhält x_{i+j}.

Sehr einfach, aber schwer draufzukommen.

Annäherung auf einer Kurve

Die Konstruktion einer solchen Kurve (oder aber der Beweis, dass es keine gibt) war ursprünglich ein Problem, das der schon zuvor erwähnte Oskar van Deventer gestellt hatte, der mit dieser Kurve ein bestimmtes mechanisches Puzzle entwerfen wollte. Tatsächlich gibt es solche Kurven. Die Schwierigkeit besteht jedoch darin, eine Kurve zu finden, von der sich *beweisen* lässt, dass sie die verlangte Eigenschaft (2) besitzt.

Abbildung 9.10 zeigt eine solche Kurve. Deventer bezeichnet sie als *nicht-konquincular*, aus welchen Gründen auch immer.

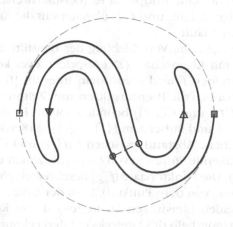

Abb. 9.10 Eine nicht-konquinculare Kurve.

Der gestrichelte Kreis um die Kurve soll verdeutlichen, dass Bedingung (1) erfüllt ist. Für den Beweis, dass Eigenschaft (2) nicht erfüllt ist, nehmen wir das Gegenteil an. Es sei t der Zeitpunkt, zu dem zum ersten Mal entweder die Bleistiftspitze, die an dem weißen Quadrat beginnt, das weiße Dreieck erreicht, oder aber die Bleistiftspitze, die am grauen Quadrat beginnt, zum ersten Mal das graue Dreieck erreicht. Irgendwann vor diesem Zeitpunkt t müssen sich die beiden Bleistiftspitzen gegenübergestanden haben, wie bei den weißen und grauen Kreisen. Irgendwann *nach* dem Zeitpunkt t müssen die Punkte nochmals an Stellen sein, wo sie sich nicht gegenüberstehen, um schließlich zusammenkommen zu können, und damit muss ihr Abstand wieder zunehmen.

Wie kann man auf eine solche Kurve kommen? (Wenn Sie die Details nicht interessieren, können Sie diesen und die folgenden drei Absätze überspringen.) Wir nehmen an, die Kurve sei durch eine Variable t parametrisiert, d. h., es gibt eine kontinuierliche Funktion C vom Intervall $[0,1]$ in die Ebene, sodass $C(0)$ der eine Endpunkt ist (beispielsweise der linke) und $C(1)$ der andere, und $C(t)$ überstreicht die Kurve, wenn t von 0 nach 1 läuft.

Eine erfolgreiche Verschiebung der Bleistifte in Übereinstimmung mit Eigenschaft (2) entspricht zwei kontinuierlichen Funktionen f und g von dem Intervall $[0,1]$ auf sich selbst, wobei sich die Bleistiftspitzen zum Zeitpunkt t an den Stellen $C(f(t))$ und $C(g(t))$ befinden sollen. Es gilt $f(0) = 0$ und $g(0) = 1$ und außerdem $f(1) = g(1)$. Außerdem soll für alle t der ebene Abstand zwischen $C(f(t))$ und $C(g(t))$ eine monoton fallende Funktion von t sein (nie zunehmen, solang t zunimmt). Die Punktepaare (f,g) beschreiben eine Kurve in der x-y-Ebene von dem Punkt $(0,1)$ zu der Linie $x = y$ (wenn sich die beiden Bleistiftspitzen treffen). Diese Kurve bleibt vollständig innerhalb des Dreiecks mit den Eckpunkten $(0,1)$, $(0,0)$ und $(1,1)$.

Um zu zeigen, dass eine solche Verschiebung der Bleistiftpunkte *nicht* möglich ist, möchten wir einen „dualen Weg" von der Linie $x = 0$ zur Linie $y = 1$ finden, der die Linie $x = y$ vermeidet, und bei der die Bleistiftspitzen immer einen lokal minimalen Abstand voneinander haben. Dieser Weg muss sich mit unserer (f,g)-Kurve schneiden, die an dieser Stelle ein lokales Minimum im Abstand hat.

Der duale Weg entspricht einer anderen Bewegung der Bleistiftspitzen: Wir beginnen mit dem linken Bleistift am linken Endpunkt und dem rechten Bleistift irgendwo auf der Kurve, dann bewegen wir beide Spitzen in dieselbe Richtung entlang der Kurve, bis der rechte Bleistift am rechten Endpunkt angelangt ist. Wenn wir erreichen können, dass bei dieser Bewegung keine der Bleistiftspitzen jemals relativ zu der anderen bewegt werden kann, ohne dass der Abstand zwischen den beiden Punkten zunimmt, haben wir unser Ziel erreicht. In der Abbildung würden die Bleistifte am weißen Quadrat sowie am grauen Dreieck beginnen und sich anschließend gemeinsam bewegen, bis sie das weiße Dreieck bzw. das graue Quadrat erreichen.

Als Belohnung für meine Konstruktion einer nicht-konquincularen Kurve erhielt ich einen Prototyp des mechanischen Puzzles, das, wie alle Schöpfungen von van Deventer, eine reine Freude ist.

Summen und Produkte

Dieses amüsante Rätsel kursiert seit vielen Jahren in unterschiedlichen Varianten. Es erschien in Martin Gardners Kolumne „Mathematical Games" im *Scientific American* im Dezember 1979, wurde jedoch aus irgendeinem Grund nicht mit in die Anthologie der Kolumne in *The Last Recreations* [24] aufgenommen. Das Überraschende an diesem Rätsel liegt in der wenigen Information, die in dem Rätsel vermittelt wird, mit der sich die gesuchten Zahlen trotzdem finden lassen.

In der hier angegebenen Form erhielt ich das Rätsel von Steve Fenner von der Universität von South Carolina, sowie unabhängig von ihm von Bill Gottesman, Designer und Hersteller von Sonnenuhren. Die folgende Argumentation geht auf Gottesman zurück.

Zunächst bezeichnen wir Porfirios Zahl mit P, Samanthas mit S, und das unbekannte Paar mit $\{X, Y\}$. Wir nennen eine

Zahl „singulär", wenn es genau eine Möglichkeit gibt, sie als das Produkt von zwei Zahlen zwischen 2 und 99 zu schreiben. Viele Zahlen sind singulär: beispielsweise das Produkt von zwei Primzahlen, das Quadrat oder die dritte Potenz einer Primzahl, oder auch jede Zahl mit einem Primfaktor größer als 50.

Da Porfirio X und Y zunächst nicht kennt, kann P keine singuläre Zahl sein. Und da Samantha dies weiß, muss gelten: S darf sich nicht als Summe $U + V$ zweier Zahlen darstellen lassen, deren Produkt UV eine singuläre Zahl ist. Damit sind S schon erhebliche Schranken auferlegt. Beispielsweise kann S keine gerade Zahl sein, denn alle geraden Zahlen größer als 2 (und möglicherweise kleiner als eine sehr, sehr große Zahl) lassen sich als Summen von zwei Primzahlen ausdrücken. (Nach der Goldbach'schen Vermutung lassen sich *alle* geraden Zahlen größer als 2 in dieser Form darstellen.) Eine genauere Analyse diese Einschränkungen führt auf das Ergebnis, dass S nur noch eine der folgenden zehn Zahlen sein kann: 11, 17, 23, 27, 29, 35, 37, 41, 47 und 53. Einem Vorschlag Gottesmans folgend bezeichnen wir diese Zahlen als „golden".

Da Porfirio X und Y nun kennt (und der Tatsache, dass die Summe und das Produkt zweier positiver ganzer Zahlen diese eindeutig festlegen), können wir schließen, dass es genau eine Möglichkeit gibt, P als ein Produkt XY zu schreiben, sodass $X + Y$ eine goldene Zahl ist. Wir bezeichnen eine Zahl als „magisch", wenn sie in diesem Sinne für P in Frage kommt. Folgendes Beispiel einer magischen Zahl ist besonders wichtig: Sei G eine goldene Zahl, die sich in der Form $p + 2^k$ schreiben lässt, wobei p eine ungerade Primzahl ist, dann ist $p \cdot 2^k$ magisch. Der Grund ist, dass jede andere Faktorisierung dieses Produkts zu einer geraden Summe führt, und gerade Zahlen können nicht golden sein.

Jede goldene Zahl G lässt sich auf mehrere Weisen als Summe schreiben (beispielsweise könnte 11 gleich $2+9$, $3+8$,

4+7 oder 5+6 sein). Damit Samantha letztendlich auf X und Y schließen kann, darf nur *einer* dieser Fälle ein magisches Produkt haben.

Doch $11 = 3 + 2^3 = 7 + 2^2$; somit hat 11 (mindestens) zwei magische Aufspaltungen und $S \neq 11$. Entsprechend gilt: $23 = 7 + 2^4 = 19 + 2^2$; $27 = 11 + 2^4 = 19 + 2^3$; $35 = 3 + 2^5 = 19 + 2^4$; $37 = 5 + 2^5 = 29 + 2^3$; und $47 = 31 + 2^4 = 43 + 2^2$. Damit bleiben nur noch 17, 29, 41 und 53 übrig. Doch $29 = 13 + 2^4 = 2 + 3^3$, und man kann sich leicht davon überzeugen, dass $2 \cdot 3^3$ eine magische Zahl ist. Entsprechend gilt $41 = 37 + 2^2 = 3 + 2 \cdot 19$, wobei $3 \cdot 2 \cdot 19$ magisch ist; und $53 = 37 + 2^4 = 5 + 3 \cdot 2^4$, wobei $5 \cdot 3 \cdot 2^4$ magisch ist. Für S verbleibt somit nur noch die Zahl 17. In diesem Fall gibt es tatsächlich nur eine magische Aufspaltung: $17 = 4 + 13$. Die beiden gesuchten Zahlen sind also 4 und 13; und es sind $S = 17$ und $P = 52$. Wow!

Die Lösung dieses Rätsels ist nicht unbedingt „elegant", obwohl wir eine entsprechende Bedingung für die Aufnahme in dieses Buch gefordert hatten. Doch die überraschende Eigenschaft, dass man aus der kurzen Unterhaltung bereits die Zahlen erschließen kann, auch ohne ihre Summe *oder* ihr Produkt zu kennen, sorgt für einen gewissen Ausgleich.

Minimalfläche eines Polygons

Dieses Rätsel erhielt ich (als ungelöstes Problem) von Robert Veith von der Southeast Indiana University, der eine ganze Weile vergeblich nach der Lösung gesucht hatte. Mir gelang eine (wie ich glaube) ziemlich elegante Lösung, die ich unten vorstelle. Doch später stellte ich fest, dass dieses sowie weitere Probleme bereits von K. Böröczky, G. Kertész and E. Makai, Jr., in einem veröffentlichten Artikel mit dem Titel „The minimum area of a simple polygon with given side lengths" [7] gelöst worden waren.

Die Antwort lautet: Jedes ungerade Polygon mit Seiten der Länge eins hat eine Fläche, die größer oder gleich $\sqrt{3}/4$ ist, wobei die Gleichheit nur für das Dreieck selbst gilt. Wie beweist man so etwas? Für ein Polygon mit nur drei Seiten ist die Antwort trivial, also könnte man versucht sein, eine Induktion bezüglich der Anzahl der Seiten vorzunehmen. Wie wir noch sehen werden, ist es leicht, ein Polygon mit mindestens vier Seiten in zwei Polygone zu unterteilen, die jeweils weniger Seiten haben als das Original. Das Problem ist jedoch, dass die neuen Polygone im Allgemeinen nicht mehr gleichseitig sind. Wir brauchen also eine Induktionsvermutung, die sich auf eine größere Klasse von Polygonen bezieht, vielleicht sogar auf *alle* Polygone.

Obwohl die gewählte Vermutung wie zusammengeschustert aussieht, funktioniert sie wie ein Zauber. Es hängt alles nur von einem bestimmten Parameter ab.

Es sei $\mathbb{O}^n$ die Menge aller ganzzahligen n-Vektoren mit ungerader Komponentensumme, d. h., $\mathbb{O}^n = \{\vec{x} = (x_1, \ldots, x_n) \in \mathbb{Z}^n \mid \sum_{i=1}^n x_i \equiv 1 \bmod 2\}$. Wir konstruieren zunächst ein Maß, das uns angibt, wie weit ein allgemeines Polygon P von einem ungeraden Polygon mit Einheitsseiten entfernt ist. Dazu definieren wir eine Funktion $u(P)$, die *Nichtkollabierbarkeit* von P, wie folgt:

$$u(P) := 1 - \min_{\vec{x} \in \mathbb{O}^n} \left(\sum_{i=1}^n |e_i - x_i| \right),$$

wobei $e_i, \ldots, e_n$ die Seitenlängen von P sind. Somit ist $u(P) \leq 1$. Ist P ein ungerades Polygon mit Einheitsseiten, bzw. allgemeiner ein Polygon mit ganzzahligen Seitenlängen und einem ungeraden Umfang, folgt $u(P) = 1$. Andererseits gilt für jedes Polygon P, bei dem zwei Seiten die Länge $\frac{1}{2}$ haben oder dessen Umfang eine gerade Zahl ist, $u(P) \leq 0$.

Wir bezeichnen ein Polygon als *echt*, wenn es keine Eckpunkte mit einem Innenwinkel von 180° gibt, d. h., wenn sich sein Rand bei jedem Eckpunkt wegbiegt. Sind einige Kanten von P länger als 1, erhalten wir daraus ein unechtes Polygon P^*, bei dem sämtliche Kantenlängen kleiner oder gleich 1 sind, indem wir jede längere Kante von P in Kanten der Länge 1 unterteilen, wobei höchstens eine Kante mit einer Länge kleiner als 1 übrigbleibt. Beachten Sie, dass $u(P^*) = u(P)$.

Wir beweisen nun durch Induktion, dass die Fläche $A(P)$ eines Polygons mindestens gleich $\frac{\sqrt{3}}{4}u(P)$ ist. Daraus folgt, dass die Fläche eines Polygons mit einer ungeraden Anzahl von Seiten der Länge 1 mindestens gleich $\sqrt{3}/4$ ist.

Der Beweis beruht auf der Subadditivität der Nichtkollabierbarkeitsfunktion. Das bedeutet: Sei P ein Polygon (nicht notwendigerweise echt) und sei D eine Diagonale, die zwei Eckpunkte von P verbindet und P in zwei Polygonzüge Q und R unterteilt, dann gilt $u(P) \leq u(Q) + u(R)$.

Zum Beweis der Subadditivität sei P ein Polygon mit Seitenlängen $e_1, \ldots, e_n$, und es sei D eine Diagonale der Länge d. Außerdem sei $\vec{x} \in \mathbb{O}^n$ ein Vektor, sodass $u(P) = 1 - \sum_{i=1}^{n} |e_i - x_i|$.

Weiterhin sei I die Indexmenge der Kanten von P, die gleichzeitig Kanten von Q sind, und J die Indexmenge der Kanten, die auch Kanten von R sind. Wir bezeichnen mit $\vec{x} \upharpoonright I$ und $\vec{x} \upharpoonright J$ die jeweiligen Einschränkungen von $\vec{x}$ auf die Kanten (ohne die Diagonale) von Q und R. Ohne Einschränkung der Allgemeinheit nehmen wir an, dass $\vec{x} \upharpoonright I$ der Vektor mit ungerader Komponentensumme ist. Es sei d_0 die gerade Zahl, die d am nächsten ist, und d_1 die zu d nächstgelegene ungerade Zahl, sodass $|d_1 - d_0| = 1$.

Wir betrachten nun den Vektor $\vec{x} \upharpoonright I$ zusammen mit der D-Komponente d_0 für den Polygonzug Q und den Vektor $\vec{x} \upharpoonright J$ zusammen mit der D-Komponente d_1 für R. Dann folgt das gewünschte Ergebnis:

$$u(R) + u(Q) \geq 1 - \sum_{i \in I} |e_i - x_i| - |d_0 - d|$$

$$+ 1 - \sum_{i \in J} |e_i - x_i| - |d_1 - d|$$

$$= 2 - \sum_{i \in I \cup J} |e_i - x_i| - 1$$

$$= u(P).$$

Nun müssen wir zunächst die eigentliche Aussage für den Fall beweisen, dass P ein „kleines" Dreieck ist. Sei T ein Dreieck, bei dem alle Kanten höchstens die Länge 1 haben. Wir wollen zeigen, dass $A(T) \geq \frac{\sqrt{3}}{4} u(T)$, wobei das Gleichheitszeichen nur für das gleichseitige Dreieck mit den Kantenlängen 1 gilt.

Die Seitenlängen des Dreiecks seien a, b und c. Der ganzzahlige Vektor für $u(T)$ ist in diesem Fall entweder $(1, 0, 0)$ oder $(1, 1, 1)$. Im ersten Fall ist $u(T) = 1 - (1 - a) - b - c < 0$, da $a < b + c$. Für diesen Fall brauchen wir also nichts mehr zu beweisen.

Im zweiten Fall ist $u(T) = 1 - (1 - a) - (1 - b) - (1 - c) = 2s - 2$, wobei s der halbe Umfang ist: $s = \frac{1}{2}(a + b + c)$. Entweder ist $s > 1$, oder es gibt ebenfalls nichts mehr zu beweisen. Insbesondere sind $a + b$, $b + c$ und $a + c$ alle größer als 1.

Wir behaupten nun, dass für einen festen Wert von s das Dreieck mit der kleinsten Fläche ein Dreieck ist, von dem zwei Seiten die Länge 1 haben (und somit die dritte Seite die Länge $2s - 2$).

Dazu halten wir a ebenfalls fest. Nach der Formel von Heron (einen schönen Beweis findet man in [37]) gilt:

$$\frac{A(T)^2}{s(s - a)} = (s - b)(s - c) = s^2 - (b + c)s + bc.$$

Da $b + c$ konstant ist, wird die Fläche minimal für $b = 1$ oder $c = 1$.

Wir können die Seitenbezeichnungen beliebig austauschen und $a = 1$ annehmen. Aufgrund desselben Arguments
finden wir nun, dass zwei Seiten die Länge 1 haben müssen,
womit die Behauptung bewiesen ist.

Somit ist die Fläche von T mindestens gleich der Fläche
eines Dreiecks mit den Seitenlängen $1, 1, 2s - 2$ ist, nämlich

$$\sqrt{s(s-1)(s-1)(2-s)}.$$

Doch da $s \in (1, 3/2]$ und $s(2-s) \geq \frac{3}{4}$ folgt

$$A(T) \geq \sqrt{\frac{3}{4}(s-1)^2} = \frac{\sqrt{3}}{2}(s-1) = \frac{\sqrt{3}}{4}u(T).$$

Das Gleichheitszeichen gilt nur für $s = 3/2$.

Für den Beweis des eigentlichen Satzes nehmen wir zunächst wieder an, er sei falsch. Dann gibt es ein echtes Poly-
gon P, für das $A(P) < \frac{\sqrt{3}}{4}u(P)$, und es sei n die kleinste Anzahl von Seiten, bei denen dies zum ersten Mal auftritt. Für
$n = 3$ ordnen wir die Dreiecke lexikographisch entsprechend
$(\lceil c \rceil, \lceil b \rceil, \lceil a \rceil)$, wobei $a \leq b \leq c$ die Seitenlängen von P sind,
und wir verlangen, dass P bezüglich dieser (Teil)-Ordnung
minimal ist.

Wir betrachten zunächst den Fall $n > 3$, und es sei D eine Diagonale von einem Vertex in P zu einem anderen. Eine
solche Diagonale muss es geben, denn wenn P konvex ist,
lassen sich je zwei nicht benachbarte Eckpunkte durch ein
im Inneren des Polygons verlaufendes Linienelement verbinden. Ist P nicht konvex, gibt es einen Eckpunkt v mit einem
Innenwinkel, der größer ist als π. Wenn wir also von v aus
das Innere von P absuchen, beginnend in der Richtung eines
der Nachbarpunkte bis hin zu dem anderen Nachbarpunkt,
müssen wir mehr als eine andere Seite von P sehen können.
An der Stelle, wo unser Rundblick von einer der Seiten zu
einer anderen übergeht, muss es einen Eckpunkt geben, den
wir mit v durch eine Diagonale verbinden können.

Die Diagonale teilt P in zwei echte Polygone Q und R, von denen jedes weniger als n Seiten hat, und nach Voraussetzung erfüllen beide die obige Ungleichung. Aufgrund der Subadditivität gilt jedoch

$$A(P) < \frac{\sqrt{3}}{4}u(P) \le \frac{\sqrt{3}}{4}(u(Q) + u(R)) \le A(Q) + A(R) = A(P).$$

Wir erhalten also einen Widerspruch.

Wir haben also das Problem auf den Fall $n = 3$ zurückgeführt. Es sei A der Eckpunkt gegenüber der Seite a, usw. Wir wissen aus unseren Überlegungen zu den kleinen Dreiecken, dass $\lceil c \rceil > 1$. Falls $\lceil b \rceil < \lceil c \rceil$, zeichnen wir eine Diagonale von C zu einem der neuen Eckpunkte von P^*. Diese Diagonale ist kürzer als b, weil die beiden Winkel an der langen Seite spitz sind. Somit liegen die beiden Dreiecke, in die P^* durch die Diagonale geteilt wird, in unserer lexikographischen Ordnung vor P; die Subadditivität führt uns somit wieder auf einen Widerspruch.

Falls $\lceil b \rceil = \lceil c \rceil > 1$, wählen wir P^* so, dass es einen neuen Punkt U von P^* auf b sowie einen Punkt V auf c gibt, die jeweils den Abstand 1 von den Eckpunkten C bzw. B haben. Nun zeichnen wir *zwei* Diagonale ein: eine von U nach V (Länge d), und eine zweite von V nach C (Länge e). Wiederum können wir aus der Subadditivität schließen, dass eines der drei so entstandenen kleineren Dreiecke BCV, CVU und VUA ein Gegenbeispiel zu unserer Behauptung sein muss. Da jedoch alle Dreiecke dem Dreieck P in unserer induktiven Ordnung vorangehen, beweist dieser letzte Widerspruch schließlich unseren Satz.

Man beachte, dass die Induktion zusammen mit der Ungleichung für kleine Dreiecke zeigt, dass die Ungleichung des Hauptsatzes für jedes nicht-entartete Polygon P in strenger Form gilt, es sei denn, P ist ein gleichseitiges Dreieck mit Seiten der Länge eins.

Puh!

10 Unwiderstehliche Desserts

Heutzutage ist die Pizza schneller bei ihnen zu Hause als die Polizei.

Jeff Marder, Amerikanischer
Schauspieler und Kabarettist

Seit der amerikanischen Ausgabe von *Mathematical Mind-Benders* sind weitere nette Rätsel aufgetaucht. Neben großen Klassikern finden Sie in diesem zusätzlichen Kapitel auch einige neue Köstlichkeiten. Die drei letzten Rätsel sind alle neu und nicht gerade einfach. Wir beginnen jedoch erst einmal zurückhaltender mit einigen schönen geometrischen Rätseln aus den letzten Putnam-Wettbewerben.

Karten und Kreise

Sie zeichnen eine ebene Landkarte aus einer endlichen Anzahl von Kreisen. Beweisen Sie, dass Sie die „Länder" mit den beiden Farben rot und blau einfärben können, sodass keine zwei Länder mit einer gemeinsamen Grenze positiver Länge dieselbe Farbe haben.

Kuchenteilung

Beweisen Sie, dass jede Kurve, die einen Kreis vom Radius 1 in zwei Hälften mit gleichen Flächen teilt, mindestens die Länge 2 haben muss. Mit anderen Worten, die naheliegende Weise, einen Kuchen in zwei Hälften zu teilen, ist die beste!

Schnitt durch ein Donut

Angenommen, ein Torus (die idealisierte Oberfläche eines Donuts) wird von einer Ebene durchtrennt, die durch den Mittelpunkt verläuft und an zwei Punkten tangential ist. Welche Figur schneidet der Torus aus der Ebene heraus?

Ganzzahlige Abstände

Gegeben sei eine unendliche Punktmenge in der Ebene, bei der je zwei Punkte einen ganzzahligen Abstand haben. Beweisen Sie, dass diese Punkte alle auf einer Geraden liegen müssen.

Umrandung mit einem Kreis

Es sei R ein abgeschlossenes Gebiet in der Ebene vom Durchmesser 1 (d. h., der größte Abstand zwischen zwei Punkten in R ist 1). Beweisen Sie, dass R in einen Kreis vom Radius $1/\sqrt{3}$ passt.

Aufteilung in „Darts"

Ein *Dart* ist ein nicht konvexes Viereck, d. h., eine Figur mit vier Seiten und einer Ecke mit einem Innenwinkel größer als 180 Grad. Lässt sich ein konvexes Polygon in Darts unterteilen?

Wir bringen nun zunehmend Wahrscheinlichkeiten in unsere Geometrie.

Einseitige Verteilung

Wie groß ist die Wahrscheinlichkeit, dass n Punkte, die zufällig (gleichförmig und unabhängig voneinander) auf einem Kreis verteilt sind, zu einem gemeinsamen Halbkreis gehören?

Kleinste Zufallszahl

Gegeben seien n auf dem Intervall $[0, 1]$ gleichförmig und unabhängig verteilte Zufallszahlen. Was ist der Erwartungswert für die kleinste dieser Zahlen?

Ein Wurf mehr

Beim Münzwerfen wirft John genau einmal öfter als Mary. Beweisen Sie: Die Wahrscheinlichkeit, dass er häufiger „Kopf" wirft als Mary, ist genau ein halb.

Stabübergabe

Eine Gruppe von Cheerleadern mit den Trikotnummern 1 bis n stehen in geordneter Reihenfolge im Kreis. Cheerleader 1 übergibt (mit gleicher Wahrscheinlichkeit) seinen Kommandostab an seinen Nachbarn zur Linken oder Rechten, also an Cheerleader 2 oder n. Dieser Cheerleeder reicht ihn mit gleicher Wahrscheinlichkeit nach rechts oder links (von ihm aus betrachtet) weiter. Dieses Spiel dauert so lange an, bis alle Cheerleader den Stab mindestens einmal gehabt haben. Mit welcher Wahrscheinlichkeit ist der letzte Cheerleader, der den Stab erhält, Cheerleader Nummer 2?

Der Reisspender

Der automatische Reisspender im örtlichen Laden arbeitet nur sehr grob. Möchte man x Pfund Reis kaufen, gibt die Maschine wiederholt eine zwischen 0 und 1 Pfund gleichverteilte Reismenge aus, bis das Gesamtgewicht gleich oder mehr als x Pfund beträgt.

Wenn man also ein Pfund Reis möchte, gibt die Maschine mindestens zwei Einheiten aus, vielleicht auch mehr. Wie viele im Durchschnitt?

Glücksgefühle beim Baseball

Überraschenderweise ist Ihr amerikanisches Lieblingsteam im Baseball in die World Series eingezogen. Dort gilt die „Best-of-Seven"-Regel, d. h., das erste Team, das vier Spiele gewonnen hat, ist amerikanischer Baseballmeister. Ihre Mannschaft ist jedoch ein Außenseiter und gewinnt im Durchschnitt ein Spiel nur mit 40% Wahrscheinlichkeit. Trotzdem sind Sie zuversichtlich, dass Ihr Team diese Serie gewinnen wird. Doch dann verlieren sie das erste Spiel, und Sie ertrinken ihren Frust im Alkohol.

Als Sie wieder zu Bewusstsein kommen, haben zwei weitere Spiele stattgefunden. Ihre Mannschaft hat eines der beiden Spiele gewonnen, das andere verloren.

Sollten Sie sich nun freuen?

Seltsamer Sortieralgorithmus

In der Kugelablage eines Billardtischs liegen die Kugeln mit den Nummern 1 bis n, allerdings nicht in ihrer richtigen Reihenfolge. In einem naiven Versuch, sie zu sortieren, nehmen Sie nacheinander eine an falscher Stelle liegende Kugel und legen sie an die Stelle, an die sie bei richtiger Reihenfolge liegen müsste. Die Kugeln zwischen der alten und neuen Lage dieser Kugel werden dadurch um eine Position nach links oder rechts verschoben.

Abbildung 10.1 zeigt ein Beispiel: Die anfängliche Permutation ist 3, 5, 6, 1, 8, 4, 7, 2. Kugel 5 liegt an einer falschen Stelle und darf daher an die 5. Position verlegt werden, wodurch die Kugeln mit den Nummern 6, 1 und 8 um eine Stelle nach unten rücken. Im nächsten Schritt könnte Kugel 2 an die richtige Stelle gebracht werden, und die Kugeln 6, 1, 8, 5, 4, 7 verschieben sich um einen Platz nach oben.

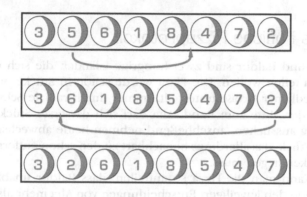

Abb. 10.1 Kugelnsortieren in einer Ablage.

Offensichtlich kann die Verlegung einer Kugel die anderen Kugeln wieder von ihrer richtigen Stelle wegschieben, sodass es durchaus nicht selbstverständlich ist, dass dieser Algorithmus zum Ziel führt. Gibt es eine Anfangsverteilung der Kugeln, von der aus man bei einer besonders ungünstigen Wahl der Reihenfolge niemals die richtige Reihenfolge $1, 2, 3, \ldots, n$ erreichen wird?

Zunehmende Wegnummern

Auf der Walker-Insel gibt es ein kompliziertes Netz von Spazierwegen, einschließlich Brücken und Tunnel. Jeder Wegabschnitt zwischen zwei Kreuzungen oder Verzweigungen trägt eine andere Nummer. Es sei d die mittlere Anzahl von Wegen, die sich an einer Kreuzung treffen. Beweisen Sie, dass es auf der Insel eine Kreuzung gibt, von der aus Sie eine Wanderung mit mindestens d Wegabschnitten beginnen können, sodass die Zahlen der durchlaufenen Wegabschnitte immer zunehmen.

Das höfliche Pizzaprotokoll

Alta und Baldur sind zwei hungrige Isländer, die sich eine Pizza teilen wollen. Die Pizza wurde schon in Stücke unterschiedlicher Größe unterteilt, immer durch radiale Schnitte von der Mitte zum Rand. Alta darf sich das erste Stück beliebig aussuchen, anschließend nehmen beide abwechselnd ein Stück, das allerdings benachbart zu den schon entfernten Stücken liegen muss.

Kann man die Pizza so aufteilen, dass Baldur unabhängig von den jeweiligen Entscheidungen von Alta mehr als die Hälfte erhält?

Lösungen und Kommentare

Karten und Kreise

Bei diesem netten Rätsel handelte es sich um Aufgabe B4 bei dem 23. William Lowell Putnam-Mathematikwettbewerb am 1. Dezember 1962. Die Lösung: Sei $c(n)$ die Anzahl der Kreise, die das Land n enthalten. Man färbe das Land rot, wenn

$c(n)$ gerade ist (einschließlich natürlich dem Fall $c(n) = 0$) und blau, wenn $c(n)$ ungerade ist.

Kuchenteilung

Dieses Rätsel geht auf die Aufgabe 7 aus dem Putnam-Wettbewerb vom 6. Juni 1946 zurück.

Wenn die Kurve bei gegenüberliegenden Punkten auf den Rand trifft, muss sie natürlich mindestens so lang sein wie der Durchmesser. Ist das nicht der Fall, können Sie den Kreis so drehen, dass die Strecke AB zwischen den Endpunkten der Kurve unterhalb des horizontalen Durchmessers des Kreises verläuft und parallel zu ihm liegt. Damit die Kurve die Fläche halbiert, muss es auf ihr einen Punkt P geben, der sich in der oberen Hälfte des Kreises befindet (siehe Abb. 10.2). Doch die Summe der beiden Linienabschnitte AP und PB ist bereits größer als 2. Dies sieht man leicht, wenn man P auf die horizontale Diagonale projiziert und zum Mittelpunkt des Kreises verschiebt. Die Summe der Linienabschnitte wird dabei kleiner und hat am Schluss den Wert 2.

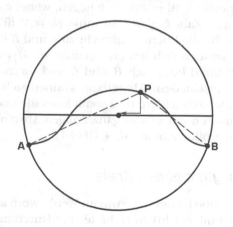

Abb. 10.2 Kuchenteilung.

Schnitt durch ein Donut

Hierbei handelt es sich um Aufgabe B5 beim 11. Putnam-Wettbewerb am 31. März 1951. Wie man sich leicht überlegen kann, wenn man sich das Bild aufmalt, besteht die Schnittmenge der Ebene mit dem Torus aus zwei sich schneidenden Kreisen.

Ganzzahlige Abstände

Dieses Rätsel ist ein Klassiker, der auf einen Artikel aus dem Jahre 1945 von N. H. Anning und dem unnachahmlichen Paul Erdős [2] zurückgeht. Auch das wunderbare Buch von Hadwigger, Debrunner und Klee [32] geht darauf ein (Seiten 4–6). Das Rätsel war Problem A3 beim 18. Putnam-Wettbewerb am 8. Februar 1958.

Angenommen, A, B und C seien drei nicht auf einer Geraden liegende Punkte, wobei die Strecke AB die Länge r und die Strecke BC die Länge s haben soll. Jeder Punkt P, der einen ganzzahligen Abstand von A und B haben soll, muss auf der Hyperbel $||PA| - |PB|| = k$ liegen, wobei k eine nichtnegative ganze Zahl $k \leq r$ sein muss ($k = 0$ führt auf die Gerade, welche die Ebene senkrecht zu A und B in der Mitte halbiert; es handelt sich um eine „entartete" Hyperbel). Das Gleiche gilt für P bezüglich B und C und ihren Abstand s. Doch zwei verschiedene Hyperbeln können sich höchstens in vier Punkten schneiden, und somit kann die maximale Anzahl von Punkten mit einem ganzzahligen Abstand von A, B und C nicht größer sein als $4(r+1)(s+1)$.

Umrandung mit einem Kreis

Dies war Aufgabe B3 beim 9. Putnam-Wettbewerb am 26. März 1949. Es gibt offensichtlich Gebiete vom Durchmesser 1, die nicht in einen Kreis vom Durchmesser 1 passen, beispielsweise ein gleichseitiges Dreieck mit Seitenlänge 1. Doch das Dreieck passt natürlich in einen Kreis C mit Radius $1/\sqrt{3}$.

Wir umranden das Gebiet R mit dem kleinstmöglichen Kreis und betrachten die Kontaktpunkte. Wenn es nur zwei dieser Punkte gibt, müssen sie Antipoden sein, und der Kreis hat den Durchmesser 1. Gibt es mehr als zwei Punkte, können sie nicht alle auf demselben offenen Halbkreis liegen (sonst könnte man den Kreis kleiner wählen). Man wähle drei Punkte, die nicht in derselben Hälfte liegen. Zwei von ihnen müssen vom Mittelpunkt aus betrachtet unter einem Winkel größer oder gleich $2\pi/3$ liegen. Der Abstand zwischen diesen Punkten ist höchstens gleich 1, doch dann kann der Kreis nicht größer sein, als der Umkreis zum gleichseitigen Einheitsdreieck.

Es gibt kleinere Gebiete als den Kreis vom Radius $1/\sqrt{3}$, in dem sich jedes Gebiet vom Durchmesser 1 unterbringen lässt, doch niemand scheint das kleinste dieser Gebiete zu kennen.

Aufteilung in „Darts"

Dieses und einige der folgenden Rätsel sind einer Liste von Lieblingsrätseln von Richard Stanley vom MIT entnommen. Auch ohne seine rund 50 Spitzenstudenten ist Stanley immer noch einer der herausragendsten Kombinatoriker. Dieses besondere Rätsel wurde vor vielen Jahren an der Universität von Berkeley von einem Studenten formuliert und gelöst.

Die Antwort lautet, dass eine solche Unterteilung auf keinen Fall möglich ist. Angenommen, man könnte ein konvexes Polygon in n Darts unterteilen. Dann ist die Summe der Winkel um die inneren Punkte der Unterteilung mindestens gleich $360n$ Grad, denn jedes Dart hat mindestens einen Winkel größer als 180 Grad, der an einem inneren Punkt liegen muss (weil die Eckpunkte des Polygons nur Winkel kleiner als 180 Grad haben), und es können keine zwei solcher Winkel an demselben inneren Punkt zusammenkommen.

Doch die Summe der Innenwinkel von einem Viereck ist immer 360 Grad, und somit ist die Summe *aller* Winkel in der Unterteilung gleich $360n$ Grad. Damit bleibt jedoch kein Platz mehr für die Winkel auf dem Rand, und wir erhalten einen Widerspruch.

Einseitige Verteilung

Auch dieses Rätsel stammt von Stanleys Liste. Eine elegante Lösung beruht auf folgender Vorschrift zur Erzeugung der n zufallsverteilten Punkte: Man wähle zunächst n zufallsverteilte *Durchmesser* und entscheide sich anschließend für einen der beiden Endpunkte (mit gleicher Wahrscheinlichkeit, also beispielsweise durch einen Münzwurf).

Die Enden der Durchmesser definieren $2n$ Punkte auf dem Kreis, und damit die n Punkte innerhalb eines Halbkreises liegen, müssen Sie aus diesen $2n$ Werten n *hintereinander* liegende Punkte wählen. Dafür gibt es insgesamt $2n$ Möglichkeiten (man kann einen beliebigen Punkt aussuchen und nimmt die $n-1$ folgenden Punkte im Uhrzeigersinn). Die Gesamtwahrscheinlichkeit ist somit $2n/2^n = n/2^{n-1}$.

Zu leicht für Sie? Dann versuchen Sie es mit folgender Verallgemeinerung, die ebenfalls von Stanleys Liste stammt: Mit welcher Wahrscheinlichkeit liegen vier Punkte auf einer Kugeloberfläche innerhalb einer gemeinsamen Halbkugel?

Kleinste Zufallszahl

Die Antwort lautet $1/(n+1)$ und ist Wahrscheinlichkeitstheoretikern wohl bekannt. Stanley fragt jedoch nach einem einfachen Beweis. Er schlägt Folgendes vor: Man schließe das Intervall zu einem Kreis mit Umfang 1 und wähle $n+1$ Zufallspunkte auf dem Kreis. Ausgehend von einem beliebigen Anfangspunkt bezeichnen wir sie im Uhrzeigersinn mit $x_0, x_1, \ldots, x_n$. Aus Symmetriegründen ist der mittlere Abstand zwischen x_i und x_{i+1} gleich $1/(n+1)$. Nun schneiden wir den Kreis bei x_0 auf und erhalten wieder das Einheitsintervall. Der kleinste Wert ist x_1, und sein mittlerer Abstand vom Rand ist $1/(n+1)$.

Ein Wurf mehr

Dieses kleine Problem erhielt ich von Dr. John Haigh von der Universität von Sussex in Brighton, England. Es gibt viele Möglichkeiten, diese Wahrscheinlichkeit zu bestimmen, doch die vermutlich einfachste stammt von John's Freund Rob Eastaway: John wirft entweder häufiger „Kopf" oder häufiger „Zahl" als Mary, aber auf keinen Fall beides. Aus Symmetriegründen muss die Wahrscheinlichkeit für „häufiger Kopf" somit ein halb sein.

Stabübergabe

Auch dieser Klassiker stammt von Stanleys Liste. Überraschenderweise ist die Wahrscheinlichkeit, dass irgendein Cheerleader mit Ausnahme von Nummer 1 den Stab als letzter bekommt, für alle gleich $1/(n-1)$. Doch wie beweist man das?

Man betrachte Cheerleader i ($i \neq 0$) und beende den Prozess, sobald ein Nachbar von i erreicht wird, beispielsweise $i+1$ (das Argument gilt entsprechend für $i-1$). In diesem Fall haben weder i noch $i-1$ den Stab bisher erhalten, und das Ereignis „i erhält den Stab als letzter" ist gleichbedeutend mit „$i-1$ erhält den Stab vor i". Aus Symmetriegründen hängt die Wahrscheinlichkeit des zweiten Ereignisses nicht von i ab, und wir sind fertig!

Der ein oder andere Leser weiß vermutlich, dass die hier beschriebene Stabübergabe einen *einfachen Zufallsweg auf einem Graph* darstellt, bei dem ein Gegenstand von Punkt zu

Punkt wandert, wobei er bei jedem Punkt mit gleicher Wahrscheinlichkeit zu einem der Nachbarpunkte gelangen kann. Wir haben gerade gezeigt, dass für einen Zufallsweg auf einem Kreis die Wahrscheinlichkeit, der letzte betroffene Punkt zu sein, für alle Punkte (außer dem Startpunkt) gleich ist. Das Gleiche gilt (aus Symmetriegründen) für den vollständigen Graph, bei dem jeder Punkt zu jedem anderen benachbart ist. In [41] finden Sie einen Beweis, dass diese beiden Graphen die einzigen Graphen mit dieser Eigenschaft sind.

Der Reisspender

Zu diesem Klassiker gibt es ebenfalls viele Lösungen. Ich mag folgenden Weg besonders: Es seien $x_1, x_2, \ldots$ die von der Maschine ausgegebenen Reismengen. (Jede davon entspricht einer unabhängigen, auf dem Einheitsintervall gleichverteilten Zufallszahl). Es seien $y_1, y_2, \ldots$ die nichtganzzahligen Reste der jeweiligen Teilsummen auf der Waage. Beispielsweise ist $y_1 = x_1$, und $y_2 = x_1 + x_2$, sofern diese Summe kleiner ist als 1, ansonsten gilt $y_2 = x_1 + x_2 - 1$. Angenommen, die x_i wären gleich 0,31, 0,46, 0,12 und 0,42, dann wären die zugehörigen y_i gleich 0,31, 0,77, 0,89 und 0,31. Die wichtige Beobachtung ist, dass die y_i ebenfalls unabhängige und auf dem Einheitsintervall gleichverteilte Zufallszahlen sind.

Kann man der Folge der y_i entnehmen, wann das Gesamtgewicht auf der Waage 1 Pfund überschritten hat? Natürlich, denn die y_i nehmen solange zu, bis dieser Fall eintritt. Die Wahrscheinlichkeit, dass beispielsweise $y_1, \ldots, y_k$ in aufsteigender Reihenfolge angeordnet sind, ist $1/k!$, denn es gibt $k!$ Möglichkeiten, diese Zahlen zu ordnen. Somit ist die Wahrscheinlichkeit, dass *mehr* als k Haufen notwendig werden, gleich $1/k!$, und da die Wahrscheinlichkeit für *genau* k Haufen gleich der Wahrscheinlichkeit für *mehr* als $k - 1$ Haufen minus der Wahrscheinlichkeit für *mehr* als k Haufen ist, erhalten wir für die Wahrscheinlichkeit, dass *genau*

k Haufen notwendige sind $1/(k-1)! - 1/k! = (k-1)/k!$.
Für den Erwartungswert für die Anzahl der Ausgaben haben
wir diese Wahrscheinlichkeit noch mit der Anzahl der Haufen k zu multiplizieren und die Summe über alle k zu bilden,
wobei diese Summe erst für $k = 2$ den ersten Beitrag lie-
fert. Das Ergebnis ist $\sum_{k=2}^{\infty} k \cdot (k-1)/k! = \sum_{k=0}^{\infty} 1/k! = e \sim$
2,718281828459045, die Basis des natürlichen Logarithmus.
Hätten Sie erwartet, die Zahl e in ihrem Einkaufsladen zu finden?

Sind Sie eher daran interessiert, um wie viel die Maschine
im Durchschnitt die von Ihnen geforderte Menge überschrei-
tet? Dieser Wert ist gleich $(e-2)/2 \sim 0{,}35914$ – und das gilt
immer, wenn Sie nach einem Pfund oder mehr fragen.

Für Leser, die eine analytische Rechnung kombinatori-
schen Überlegungen vorziehen, gibt es auch einen sehr eleganten Lösungsweg über Integralgleichungen – vorgeschlagen von dem Doktoranden Eric Hsu aus Dartmouth. Es sei
$f(x)$ die mittlere Anzahl von Ausgaben, die man benötigt, um
x Pfund Reis zu übertreffen, wobei $0 < x \leq 1$. Dann gilt:
$f(x) = 1 + \int_0^1 f(x-y)\,dy = 1 + \int_0^x f(z)\,dz$. Wir bilden auf beiden Seiten die Ableitung und erhalten $f'(x) = f(x)$, also ist
$f(x) = ce^x$ für eine geeignete Konstante c. Da $f(x)$ für $x \to 0$
gegen 1 gehen muss, folgt $c = 1$. Somit ist $f(x) = e^x$ und
$f(1) = e$.

Für $x > 1$ erhalten wir $f(x) = 1 + \int_0^1 f(x-y)\,dy = 1 +$
$\int_{x-1}^x f(z)\,dz$. Wiederum leiten wir beide Seiten ab und erhalten diesmal $f'(x) = f(x) - f(x-1)$, also ist $f(x)$ linear. Wir
schreiben $f(x) = mx + b$. Wir wissen, dass m gleich 2 sein
muss, denn im Mittel gibt die Maschine $\frac{1}{2}$ Pfund aus. Die
Anzahl der Ausgaben pro bestelltem Pfund muss sich also 2
nähern, wenn die bestellte Menge zunimmt. Außerdem gilt
$b = f(x) - mx = f(1) - 2 \cdot 1 = e - 2$. Wenn Sie also x Pfund
Reis möchten, wobei $x \geq 1$, ist die mittlere Anzahl der Ausgaben immer gleich $2x + e - 2 \sim 2x + 0{,}71828$.

Glücksgefühle beim Baseball

Dieses Rätsel stammt von mir, allerdings beruht es auf einer „Wahrscheinlichkeitskoinzidenz", die unabhängig mehreren Personen aufgefallen ist, einschließlich meinem Kollegen Peter Doyle von Dartmouth. Ihre Glücksgefühle sollten offenbar davon abhängen, ob Ihr Team die Serie insgesamt mit größerer Wahrscheinlichkeit gewinnen wird, nachdem die Spiele 2 und 3 von Ihrer Mannschaft einmal gewonnen und einmal verloren wurden, als nach dem ersten verlorenen Spiel.

Unmittelbar, nachdem mir dieses Rätsel eingefallen ist, habe ich zwei Doktoranden in Dartmouth (John Bourke und Giulio Genovese) gefragt, wie sie die Situation rein gefühlsmäßig einschätzen.

John meinte: „Ja, man sollte sich freuen. Bei einem Außenseiter sollte man froh sein, wenn er von zwei Spielen eines gewonnen und nur eines verloren hat. Andernfalls hätte die Mannschaft vermutlich beide verloren."

Und Giulio sagte: „Nein, man sollte sich nicht freuen. Das eigene Team liegt hinten und muss mehr als die Hälfte der verbliebenen Spiele gewinnen. Wenn sie von den nächsten vier Spielen nur zwei gewinnen, haben sie die World Series verloren."

Beide Argumente klingen plausibel; doch wer hat Recht? Letztendlich reduziert sich das Problem auf die folgende Frage: Ist es wahrscheinlicher, dass Ihr Team mindestens 4 von 6 Spielen gewinnt, oder mindestens 3 von 4 Spielen?

Die Frage nach der Wahrscheinlichkeit, k aus n Spielen zu gewinnen, war bekanntlich eine der treibenden Kräfte für die Entwicklung der Wahrscheinlichkeitstheorie (durch Pascal, Fermat und andere) im Frankreich des 17. Jahrhunderts. Mit einem Taschenrechner (oder einem Blatt Papier und etwas Geduld) sind solche Berechnungen ausgehend von der Binomialverteilung heute kein Problem mehr. Für die folgenden Überlegungen verwenden wir einen „Trick", indem wir annehmen, dass bei den Meisterschaften sämtliche sieben Spiele tatsächlich gespielt werden, obwohl in Wirklichkeit die Meisterschaften vorbei sind, sobald eine Mannschaft vier Spiele gewonnen hat.

Die Wahrscheinlichkeit, dass Ihre Mannschaft 4 (oder mehr) von 6 Spielen gewinnt, ist:

$$\binom{6}{4} \cdot 0{,}4^4 \cdot 0{,}6^2 + \binom{6}{5} \cdot 0{,}4^5 \cdot 0{,}6 + \binom{6}{6} \cdot 0{,}4^6$$

$$= 0{,}13824 + 0{,}036864 + 0{,}004096 = 0{,}1792$$

wohingegen die Wahrscheinlichkeit für mindestens 3 gewonnene Spiele von insgesamt 4 durch

$$\binom{4}{3} \cdot 0{,}4^3 \cdot 0{,}6 + \binom{4}{4} \cdot 0{,}4^4 = 0{,}1536 + 0{,}0256 = 0{,}1792$$

gegeben ist.

Die Nachricht von dem gewonnenen und verlorenen Spiel in Runde 2 und 3 sollte Sie unberührt lassen. Sowohl John als auch Giulio hatten Recht; beide von ihnen angeführten Argumente treffen zu und heben sich gegenseitig auf.

Diese Antwort hat jedoch noch etwas Unbefriedigendes. Es bleibt die Frage: *Weshalb* sind diese Zahlen gleich? Ist es reiner Zufall, dass sich die beiden Effekte gegenseitig aufheben, wenn die Gewinnwahrscheinlichkeit gerade 40% ist?

Nun, im Nachhinein ist es immer leicht, eine Erklärung zu finden, aber es gibt eine Möglichkeit, sich die Gleichheit der Effekte zu überlegen.

Angenommen, der leitende Verantwortliche für das Turnier steht unter Druck, die Spiele 2 und 3 für ungültig erklären zu müssen, vielleicht wegen eines unqualifizierten Schiedsrichters. Die Entscheidung bedarf einer gewissen Zeit und er bittet die Teams, mit ihren Spielen in der Zwischenzeit fortzufahren. Wenn die Spiele tatsächlich für ungültig erklärt werden (Fall A), entscheiden die Spiele 1, 4, 5, 6, 7, 8 und 9 den Gewinner. Andernfalls (Fall B) wie üblich die Spiele 1, 2, 3, 4, 5, 6 und 7. Welche der beiden Entscheidungen wäre für unseren Außenseiter die günstigere?

Stellen Sie sich vor, es fanden fünf weitere Spiele statt, bevor die Entscheidung gefällt wurde. Wenn Ihre Mannschaft nicht exakt drei dieser fünf Spiele gewonnen hat, spielt die Entscheidung keine Rolle. Wir nehmen also an, Ihr Team hat genau drei der Spiele 4, 5, 6, 7 und 8 gewonnen.

In Fall A müssen sie für den Gesamtsieg noch ein Spiel gewinnen; die Wahrscheinlichkeit dafür ist 40%.

In Fall B haben sie den Gesamtsieg bereits, vorausgesetzt, das nicht gezählte Spiel 8 ist eines der Spiele (aus fünf), die sie *verloren* haben. Die Wahrscheinlichkeit dafür beträgt 2/5 oder 40%.

Seltsamer Sortieralgorithmus

Als Ergebnis eines Missverständnisses mit seinem Freund Loren Larson entwickelte der Mathematiker und Autor Barry Cipra diesen Algorithmus. Das Rätsel (ebenso wie die beiden nächsten) erschien in meiner Rätselkolumne „Puzzled" in verschiedenen Ausgaben der Zeitschrift *Communications of the Association for Computing Machinery*.

Sollten Sie mit dem Algorithmus herumgespielt haben, sind Sie vermutlich zu dem Schluss gekommen, dass er irgendwann zu enden scheint, gleichgültig, mit welcher Anfangsverteilung Sie beginnen oder welche Kugeln sie verlegen; es kann allerdings eine ganze Weile dauern. Für einen Beweis könnte man zunächst hoffen, dass es eine nicht-negative ganzzahlige „Potenzialfunktion" gibt, die bei jedem Schritt abnimmt, womit man zeigen könnte, dass der Algorithmus irgendwann enden muss. Es scheint jedoch keine einfache Funktion dieser Art zu geben. Vielleicht ist Ihnen aufgefallen, dass die Summe der Abstände zwischen der momentanen Lage der Kugeln und der Lage, in die sie zu bringen sind, niemals zunimmt; doch leider muss sie auch nicht unbedingt abnehmen.

Das folgende elegante Argument stammt von Noam Elkies von Harvard (wurde aber auch von anderen gefunden). Wir bezeichnen die Kugel, die in einem gegebenen Schritt in ihre richtige Lage gebracht wird, als „platziert". Angenommen, es gäbe eine unendliche Folge b_n von Schritten. Da es jedoch nur endlich viele mögliche Lagen der Kugeln (Permutationen) gibt, muss es eine Permutation geben, die zu zwei Zeitpunkten, s und t, vorliegt. Es sei Kugel k die Kugel mit der höchsten Zahl, die zwischen diesen beiden Zeitpunkten einmal *nach oben* platziert wird. (Wird keine Kugel nach oben platziert, verwendet man das entsprechende Argument für die Kugel mit der niedrigsten Zahl, die nach unten platziert wird.) Bei diesem Schritt wurde die Kugel k von einer niedrigeren Position in ihre korrekte Lage k gelegt. Doch zu keinem Zeitpunkt zwischen s und t konnte die Kugel k von der Lage k oder einer höheren Position zu einer Position unterhalb von k verschoben worden sein, denn in diesem Fall hätte eine Kugel mit einer noch höheren Nummer nach oben verschoben werden müssen. Also muss Kugel k zum Zeitpunkt s unterhalb von Position k gelegen haben, zum Zeitpunkt t aber bei Position k oder einer höheren Lage. Das widerspricht aber unserer Annahme, dass die Kugeln zu diesen beiden Zeitpunkten in derselben Reihenfolge lagen.

Der Algorithmus endet nach höchstens $2^{n-1} - 1$ Schritten, allerdings gibt es mehr als exponentiell viele Permutationen, für die tatsächlich die maximale Anzahl von Schritten notwendig ist. Diese und ähnliche Ergebnisse sowie einiges zur Geschichte dieses abschreckend ineffizienten Sortieralgorithmus findet man in [12].

Zunehmende Wegnummern

Diese Rätsel zusammen mit seiner eleganten Lösung erhielt ich von Ehud Friedgut von der Hebrew University. Mit seiner Hilfe konnte ich die Geschichte des Rätsels auf die vierte Aufgabe in der zweiten Runde des „Bundeswettbewerb Mathematik 1994" zurückverfolgen. Dieser Bundeswettbewerb ist einer von zwei großen deutschen Mathematikwettbewerben.

Auf der Walker-Insel gebe es n Kreuzungen und m Wege. Außerdem nehmen wir an, die Wege seien von 1 bis m durchnummeriert. Da jeder Weg zwei Endpunkte hat, kommen bei jeder Kreuzung im Durchschnitt $d = 2m/n$ Wege zusammen.

An jeder Kreuzung befinde sich ein Fußgänger. Zum Zeitpunkt 1 wechseln die Fußgänger an den beiden Enden von Weg 1 ihre Orte (und grüßen sich freundlich, wenn sie sich auf halbem Weg begegnen).

Zum Zeitpunkt 2 wechseln die Fußgänger, die sich an den Endpunkten von Weg 2 befinden, ihre Orte. Wir fahren auf diese Weise fort, bis schließlich zum Zeitpunkt m die Fußgänger an den Endpunkten von Weg m ihre Orte wechseln.

Was ist hier passiert? Offenbar hat jeder der n Fußgänger einen Weg mit zunehmenden Wegnummern durchlaufen, d. h., ein Fußgänger hat einen Wegabschnitt durchlaufen, anschließend vielleicht eine Pause gemacht, dann einen Wegabschnitt mit einer höheren Nummer durchlaufen, usw. Da jeder Wegabschnitt zweimal durchlaufen wurde, beträgt die Gesamtlänge all dieser Spaziergänge $2m$. Somit ist die *durchschnittliche* Weglänge für einen Fußgänger gleich $2m/n$. Damit muss zumindest einer der Wege länger als $2m/n$ gewesen sein, und wir sind fertig.

Das höfliche Pizzaprotokoll

Dieses letzte Rätsel stammt von Dan Brown, der damals noch ein Doktorand an der Universität von Berkeley in Kalifornien war. Ich erhielt das Rätsel von dem Google-Mathematiker Michael Kleber, der es mir über den Pathologen Dick Plotz aus Providence, Rhode Island, zukommen ließ. Ein langer Weg, aber er war es wert. Die Antwort führt zwar nicht gerade zu einem „Heureka"-Erlebnis, aber sie hat etwas erfrischend Natürliches (wie oft bei dieser Art von Rätseln) und enthält auch einige Überraschungen.

Eine dieser Überraschungen besteht darin, dass das Rätsel schwierig ist. Aus der Einfachheit der Fragestellung hätte man entweder auf ein einfaches Beispiel schließen können, oder aber auf einen einfachen Beweis, dass Alta immer mindestens die Hälfte der Pizza erhält. Die zweite Überraschung ist, dass eine *gerade* Anzahl von Pizzastücken für Alta von Vorteil ist! In diesem Fall kann sie nämlich leicht erreichen, dass sie alle geradzahligen (oder ungeradzahligen) Pizzastücke erhält und somit mindestens die Hälfte der Pizza. Bei einer ungeraden Anzahl von Pizzastücken erhält Alta zwar ein Stück mehr als Baldur, aber trotzdem kann sie hier das Nachsehen haben.

Wenn Sie sich die Möglichkeiten von Alta und Baldur eingehend überlegen, kommen Sie vermutlich unweigerlich früher oder später zu der in fünfzehn Teile geschnittenen Pizza aus Abb. 10.3, bei der Alta ihren Freund Baldur nicht davon abhalten kann, mehr als die Hälfte zu verspeisen. Wir bezeichnen mit „2" ein großes Stück, mit „1" die Hälfte davon, und mit „0" ein vernachlässigbar kleines Stück. Dann lässt sich die Reihenfolge der Stücke (beginnend mit dem horizontalen Schnitt nach rechts im Uhrzeigersinn) folgendermaßen angeben: 0, 2, 0, 2, 0, 0, 1, 0, 2, 0, 0, 1, 0, 1, 0. Abgesehen von den vernachlässigbaren Mengen beträgt die Summe gerade 9 halbgroße Stücke. Unabhängig von Altas Strategie schafft Baldur es immer, die entsprechende Menge von 5 dieser halbgroßen Stücke zu bekommen.

Es gibt noch weitere Überraschungen. So zeigt es sich, dass fünfzehn Teile das Minimum sind: Bei jeder kleineren Anzahl von Pizzastücken kann Alta es erreichen, mindestens

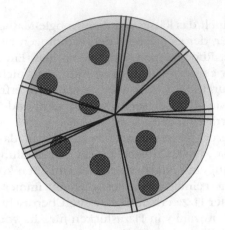

Abb. 10.3 Baldur spielt als zweiter, doch er erhält fast 5/9 der Pizza.

die Hälfte der Pizza zu erhalten. Man könnte nun auf die Idee kommen, dass es bei mehr Pizzastücken Aufteilungen gibt, die für Baldur noch vorteilhafter sind, doch das ist nicht der Fall! Auf einer Mathematikerkonferenz in Budapest hatte ich die Vermutung geäußert, dass Alta mindestens 4/9 der Pizza erhalten wird, und diese Vermutung wurde später unabhängig voneinander von zwei Gruppen bewiesen [38, 8]. Aber es war nicht leicht!

Nachwort

> *Ich hoffe, die Nachwelt wird mich freundlich*
> *beurteilen, nicht nur für die Dinge, die ich erklären*
> *konnte, sondern auch für die, die ich absichtlich*
> *ausgelassen habe, um anderen das Vergnügen zu*
> *lassen, sie selbst zu entdecken.*
>
> René Descartes (1596–1650), „La Géométrie"

Ob Sie Descartes glauben oder nicht, weiß ich nicht, aber mir sollten Sie sicherlich nicht glauben, wenn ich Ihnen weismachen wollte, ich hätte absichtlich Dinge ausgelassen, damit Sie diese Dinge entdecken können. Es gibt jedoch *unzählige* großartiger Rätsel, die nicht in diesem Buch enthalten sind, und die trotzdem Ihre Aufmerksamkeit verdienen. Und es gibt sicherlich noch weitaus mehr Rätsel, die auf ihre Entdeckung warten. Die in diesem Buch angegebenen Quellen, insbesondere auch die Webseiten, sind großartige Fundgruben. Und vielleicht finden Sie ja auch selbst einige schöne Knobeleien.

Rätsel dieser Art sind kein Ersatz für die herkömmlichen Methoden, Mathematik zu lernen, aber sie können helfen, das Gelernte besser zu behalten. Außerdem sind sie unterhaltsam und trainieren den Kopf. Die für dieses Buch ausgesuchten Rätsel dienten noch einem weiteren Zweck: Sie sollten Sie davon überzeugen, Ihrer mathematischen Intuition mit einer gewissen Skepsis zu begegnen.

Bei mir hat es jedenfalls geholfen.

Peter Winkler
28. Februar 2007

Rätselindex

*Steile Seitenzahlen stehen für die Rätsel und
kursive Seitenzahlen für deren Lösung.*

Literaturverzeichnis

1. G. Aggarwal, A. Fiat, A. V. Goldberg, J. Hartline, N. Immorlica und M. Sudan (2005). Derandomization of Auctions, *37th ACM Symposium on Theory of Computing (STOC '05)*, 619–625.

2. N. H. Anning und P. Erdős (1945). Integral distances, *Bull. Amer. Math. Soc.* **51**, 598–600.

3. E. Berlekamp und J. P. Buhler (1999-2007). Puzzle Column, in *Emissary*, the newsletter of the Mathematical Sciences Research Institute in Berkeley CA.

4. E. R. Berlekamp, J. H. Conway und R. K. Guy (2001). *Winning Ways for Your Mathematical Plays*, Band I, II und III, A K Peters, Ltd.

5. E. R. Berlekamp und T. Rodgers (Herausgeber) (1999). *The Mathemagician and Pied Puzzler*, A K Peters, Ltd.

6. H. Boerner (1955). *Darstellungen von Gruppen*, Springer-Verlag, Berlin (2nd ed. 1967).

7. K. Böröczky, G. Kertész und E. Makai, Jr (1999). The minimum area of a simple polygon with given side lengths, *Periodica Mathematica Hungarica* **39** #1-3, 33–49.

8. J. Cibulka, J. Kynčl, V. Mészáros, R. Stolař und P. Valtr (2008). Solution of Peter Winkler's Pizza Problem, arXiv:0812.4322v1.

9. J. G. Coffin (1923). Problem 3009, *Amer. Math. Monthly* **30** #2, p. 76.

10. E. Curtin und M. Warshauer (2006). The Locker Puzzle, *The Mathematical Intelligencer* **28** #1, 28–31.

11. S. J. Einhown und I. J. Schoenberg (1985). *Pi Mu Epsilon Journal* **8** #3, p. 178.

12. S. Elizalde und P. Winkler (2009). Sorting by Placement and Shift, *Proc. 20th ACM-SIAM Symposium on Discrete Algorithms (SODA'09)*, New York.

13. M. Fischetti (2007). Noch gut oder schon im Aus?, *Spektrum der Wissenschaft*, Juni 2009, 96–97.

14. D. Fomin (1990). *Zadaqi Leningradskih Matematitcheskih Olimpiad*, St. Petersburg, Russia.

15. A. S. Fraenkel (1969). The bracket function and complementary sets of integers, *Canad. J. Math.* **21**, 6–27.

16. A. Friedland (1971). *Puzzles in Math and Logic*, Dover.

17. A. Gal und P. B. Miltersen (2003). The cell probe complexity of succinct data structures, *ICALP 2003*.

18. J. A. Gallian und D. J. Rusin (1979). Cyclotomic polynomials and nonstandard dice, *Disc. Math.* **27**, 245–259.

19. M. Gardner (1978). *Mathematischer Karneval*, Ullstein Verlag.

20. M. Gardner (1978). Mathematical Games, *Scientific American* **238**, 19–32.

21. M. Gardner (1971). *The Sixth Book of Mathematical Puzzles and Diversions from "Scientific American"* Simon & Schuster.

22. M. Gardner (1988). *Hexaflexagons and Other Mathematical Diversions: The First Scientific American Book of Puzzles and Games* (reprint edition), University of Chicago Press.

23. M. Gardner (1989). *Penrose Tiles to Trapdoor Ciphers*, W. H. Freeman & Co.

24. M. Gardner (1997). *Last Recreations: Hydras, Eggs, and other Mathematical Mystifications*, Springer Verlag.

25. M. Gardner (2005). *The Colossal Book of Short Puzzles and Problems*, W. W. Norton & Co.

26. A. Gloden (1944). *Mehrgradige Gleichungen*, 2d edition, mit einem Vorwort von Maurice Kraitchik, P. Noordhoff, Groningen.

27. E. Goles und J. Olivos (1980). Periodic behavior of generalized threshold functions, *Disc. Math.* **30**, 187–189.

28. O. Gossner, P. Hernández und A. Neyman (2007). Online Matching Pennies, http://ratio.huji.ac.il/dp/Neyman316.pdf).

29. N. Goyal, S. Lodha und S. Muthukrishnan (2006). The Graham-Knowlton Problem Revisited, *Theory Comput. Syst.* **39** #3, 399–412.

30. H. Grossman (1962). A set containing all integers, *Amer. Math. Monthly* **69**, 532–533.

31. E. Gutkin (2005). Blocking of billiard orbits and security for polygons and flat surfaces, *Geom. and Funct. Anal.* **15**, 83–105.

32. H. Hadwiger, H. Debrunner und V. Klee (1964). *Combinatorial Geometry in the Plane*, Holt, Rinehart and Winston, New York.

33. J. F. Hall (2005). Fun with stacking blocks, *Amer. J. Phys.* **73** #12, 1107–1116.

34. C. Hardin und A. D. Taylor (2007). A peculiar connection between the axiom of choice and predicting the future, *Amer. Math. Monthly*, **115** #2, 91–96.

35. G. H. Hardy (1907). On certain oscillating series, *Quart. J. Math.* **38**, 269–288.

36. C. P. Jargodzki und F. Potter (2001). *Singender Schnee und verschwindende Elefanten: Physikalische Rätsel und Paradoxien*, Reclam, Leibzig. Challenge 271: A staircase to infinity.

37. D. A. Klain (2004). An intuitive derivation of Heron's formula, *Amer. Math. Monthly* **111** #8, 709–712.

38. K. Knauer, P. Micek und T. Ueckerdt (2008). How to eat 4/9 of a pizza, arXiv:0812.2870v2.

39. D. E. Knuth (1998). *The Art of Computer Programming, Volume 3: Sorting and Searching* (2nd Edition), Addison-Wesley.

40. J. D. E. Konhauser, D. Velleman und S. Wagon (1996). *Which Way Did the Bicycle Go*, Mathematical Association of America.

41. L. Lovász und P. Winkler (1993). A note on the last new vertex visited by a random walk, *J. Graph Theory* **17** #5, 593–596.

42. Ş. Nacu und Y. Peres (2005). Fast Simulation of New Coins From Old. *Ann. Appl. Probab.* **15** #1A, 93–115.

43. B. E. Oakley und R. L. Perry (1965). A sampling process, *The Mathematical Gazette* **49** #367, 42–44.

44. M. Paterson und U. Zwick (2006). Overhang, *Proceedings of the 17th Annual ACM-SIAM Symposium on Discrete Algorithms (SODA'06)*, ACM, 231–240, sowie *Amer. Math. Monthly*, Januar 2009.

45. M. Paterson und U. Zwick (2009). Overhang, *Amer. Math. Monthly* **116** #1, 19–44.

46. M. Paterson, Y. Peres, M. Thorup, P. Winkler und U. Zwick (2009). Maximum Overhang, *Amer. Math. Monthly*, **116** #9, 763–787.

47. P. Pudlák, V. Rödl und J. Sgall (1997). Boolean circuits, tensor ranks and communication complexity, *SICOMP* **26** #3, 605–633.

48. D. O. Shklarsky, N. N. Chentov und I. M. Yaglom (1962). *The USSR Problem Book*, W. H. Freeman and Co., San Francisco.

49. I. J. Schoenberg (1982). *Mathematical Time Exposures*, Mathematical Association of America.

50. S. Singh (2001). *Geheime Botschaften: Die Kunst der Verschlüsselung von der Antike bis in die Zeiten des Internet*, Hanser.

51. R. Sprague (1963). *Recreation in Mathematics*, Blackie & Son Ltd., London.

52. R. M. Smullyan (1981). *Wie heißt dieses Buch? Eine unterhaltsame Sammlung logischer Rätsel*, Verlag Vieweg.

53. S. Tabachnikov (2005). *Geometry and Billiards*, American Mathematical Society.

54. B. Tenner (2004). A Non-Messing-Up Phenomenon for Posets, http://arxiv.org/abs/math.CO/0404396.

55. C. Wang (1993). *Sense and Nonsense of Statistical Inference*, Marcel Dekker.

56. P. Winkler (2004). *Mathematical Puzzles: A Connoisseur's Collection*, A K Peters, Ltd.

57. P. Winkler (2008). *Mathematische Rätsel für Liebhaber*, Spektrum Akademischer Verlag, Heidelberg.

58. W. A. Wythoff (1907). A modification of the game of Nim, *Nieuw Arch. Wiskunde* **8**, 199–202.

59. N. Yoshigahara (2003). *Puzzles 101: A Puzzlemaster's Challenge*, A K Peters, Ltd.

Printed in the United States
By Bookmasters